国家级一流本科专业建设成果教材

智能机器人技术与应用

田宝强　谭兆钧　胡亚洲　编著

U0231074

Intelligent Robot

Technology and

Application

 化学工业出版社

·北京·

内容简介

本书在充分吸收国内外智能机器人新的优秀研究成果的基础上，详细介绍了智能机器人的基础技术及工程应用，包括机器人概述、运动学和动力学、本体结构、控制和通信技术及具体应用五方面内容。本书注重机器人技术知识体系的基础性、系统性、实用性和前沿性，力求语言通俗易懂、简明扼要、内容丰富、层次分明、图文并茂，可读性强。每章都提供了思维导图，便于读者学习和理解本章内容。

本书可作为高等学校机械类、自动化类本科学生的基础课程教材，也可供从事机器人研究、开发和应用的科技人员参考。

图书在版编目（CIP）数据

智能机器人技术与应用 / 田宝强，谭兆钧，胡亚洲
编著. -- 北京：化学工业出版社，2024. 11. --（国家
级一流本科专业建设成果教材）. -- ISBN 978-7-122
-46948-9

Ⅰ. TP242.6

中国国家版本馆 CIP 数据核字第 20241D84S7 号

责任编辑：丁文璇　　　　　　文字编辑：周　童　孙月蓉
责任校对：宋　夏　　　　　　装帧设计：张　辉

出版发行：化学工业出版社
　　　　　（北京市东城区青年湖南街 13 号　邮政编码 100011）
印　　装：三河市航远印刷有限公司
787mm×1092mm　1/16　印张 9　字数 219 千字
2025 年 3 月北京第 1 版第 1 次印刷

购书咨询：010-64518888　　售后服务：010-64518899
网　　址：http://www.cip.com.cn
凡购买本书，如有缺损质量问题，本社销售中心负责调换。

定　　价：35.00 元　　　　　　　　版权所有　违者必究

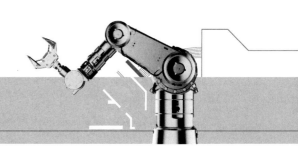

前 言

  机器人被称为"制造业皇冠顶端的明珠",其研发、制造及应用是衡量一个国家科技创新和高端制造业水平的重要指标。同时,机器人作为"中国制造2025"十大重点发展领域之一以及核心的智能装备,对于改变人们的生产生活方式,提升我国制造业创新能力,实现我国由制造大国向制造强国的转变等具有十分重要的推进作用。随着机器人技术的发展,很多基于新原理、新技术和新理论的新型机器人不断涌现出来,使得机器人的概念不断丰富和发展,从航空航天到深海深地,其成员数量越来越多,它们形态各异、种类繁多、或大或小,有的机器人重则几吨,有些则只有几克,有些机器人有几米高,而有些机器人则是微纳米量级。

  目前,机器人技术已经发展成一门多学科交叉融合的新兴学科,与机械、力学、电气、控制、计算机、生物学、人工智能等学科密切相关,多学科知识的交叉融合是机器人技术得以发展、拓宽和延伸的基础。本书即为国家级一流本科专业——机械设计及其自动化的专业建设成果。

  本书从机器人概述、运动学和动力学、本体结构、控制和通信技术及具体应用五个方面展开论述,注重机器人技术的基础性、系统性和前沿性,既力求用通俗易懂、简明扼要的语言介绍机器人的基础理论知识,又着力突出知识体系的完整、内容的丰富和层次的分明。首先,在介绍智能机器人概念及发展的基础上,详细阐述了机器人运动学和动力学的基础理论;然后,按照组成机器人的机械、控制、传感三大部分,分别从本体结构设计、控制技术及通信技术介绍机器人的基本技术;最后,按照机器人的应用分类,通过大量的案例介绍机器人在具体工程实际中的应用。同时,通过融入国内外机器人技术新的研究成果和产品具体应用案例,提升本书内容的前沿性和实用性。本书可作为高等学校本科学生和研究生的基础课程教材,也可供从事机器人研究和开发的有关技术人员参考。

  本书的部分研究成果获得国家自然科学基金项目(51809127)资助,具体编写分工如下:华北水利水电大学田宝强负责第1章和第5章,谭兆钧负责第2章和第3章,郑州大学胡亚洲负责第4章。此外,陈志远、陈际波、刘川、袁世峰等研究生参与了部分内容的录入工作,在此表示感谢。

  限于编著者水平,且机器人技术及相关学科发展迅速,书中难免存在不足之处,恳请读者予以批评指正。

编著者

2024 年 9 月

目 录

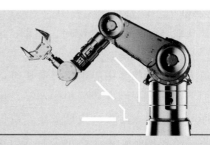

第1章

绪 论

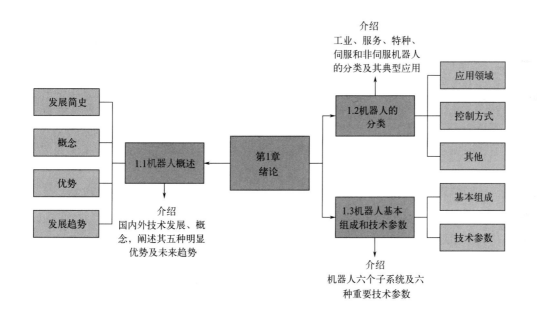

1.1 机器人概述

    机器人不是人，是一种智能机电装置，其外部不一定具有人的外形，它们形态各异，种类繁多，或大或小，有的机器人重则几吨，有些则只有几克的重量，有些机器人有几米高，而有些机器人则是微纳米量级。我国早在西周时期，就已创造出能歌善舞的偶人，这也是有据可查的世界上第一个机器人的雏形。如今，机器人已深深地渗透到人们生产生活的各个角落，它们无处不在，成为人们生活中不可或缺的一部分。这些机器人的性能日益强大，功能愈加丰富，不仅能够执行复杂的任务，还能够不断学习，提升自身能力。它们的智能化水平持续提高，不仅可以与人类进行基本的交互，甚至在某些领域已经超越人类，展现出惊人的

"智慧"和能力。随着机器人技术的发展，很多基于新技术和新需求的新概念机器人不断涌现出来，从航空航天到深海深地，机器人这个大家族也变得越来越热闹，其成员数量越来越多。

机器人在现代社会中的地位日益显著，被广泛认为是现代科技与工业发展的重要标志之一。它们不仅代表着制造业的顶尖水平，更体现了国家在科技创新和高端制造业领域的综合实力。同时，机器人对提高生产效率、改善人类生活方式、促进产业升级、提升国家竞争力具有重要意义。此外，机器人技术是一门综合性交叉学科，学科基础涉及多个领域，这些学科的交叉融合为机器人技术的发展提供了广阔的空间和无限的可能。面对目前我国智能机器人技术滞后和人才短缺的现状，教育部在很多高校新增了机器人工程、人工智能及智能制造等相关专业，以培养专业技术人才，满足社会行业的巨大需求。

随着机器人和人工智能技术的发展，机器人的功能和应用范围不断扩大，已经广泛应用于生产生活、军事、医疗、服务、教育等领域，代替或辅助人类完成各种工作。在生产中，工业机器人可以完成重复性、高精度以及恶劣危险环境中的各项操作，提高生产效率和质量，如汽车工业中的装配机器人、焊接机器人、喷涂机器人等。在军事领域，机器人可以执行无人侦察、扫雷拆弹、地图绘制及远程攻击等任务，如水下机器人利用搭载的传感设备可灵活高效完成水雷的检测和拆除，以及敏感水域水文地貌等信息的收集等。在医疗领域，机器人可以辅助手术、提供康复治疗，并提供远程医疗服务，如达·芬奇机器人已经在国内外很多医院中成功应用于医疗手术。在服务业中，机器人的应用范围更为广阔，如接待、导引、清洁和配送等，可为用户提供更加便利和个性化的服务。在教育领域，各种儿童陪伴机器人、智能玩具等，既可以对儿童进行启蒙教育，还可以进行情感陪伴及互动娱乐等。

本章主要介绍机器人的发展简史、概念、分类，各类机器人的优势及典型应用等内容。

1.1.1　机器人发展简史

（1）机器人雏形

我国拥有悠久的机器人研究历史，古代的科学家及能工巧匠制造出了很多具有人类特点或模拟动物特征的"机器人"，这也是早期机器人的雏形。据《列子·汤问》记载，早在西周时期，偃师设计出了能歌善舞的偶人"伶人"，这也是被认为最早有记载的机器人雏形。另外，据《墨经》记载，鲁班制作了一只木鸟，可在空中飞行三日而不下。

东汉时期，张衡发明了具有机器人结构的记里鼓车（如图1.1所示）。记里鼓车每行一里（古代1里＝300步，约415.8m），车上木人击鼓一下，每行十里击钟一下，实现行程的自动记录。我国著名政治家、蜀汉丞相诸葛亮发明了一种能帮人搬运粮草的木牛流马，支援北伐战争，如图1.2所示。

国外有关机器人研究的历史可以追溯到古希腊时期。古希腊数学家希罗发明了以蒸汽压力为动力的汽转球、可以自行启闭的热空气机、可以自行演奏的水力风琴等。1773年，瑞士钟表匠德洛斯父子利用齿轮和凸轮，设计出由弹簧驱动的自动写字、自动绘图和

图1.1　记里鼓车现代复原作品

自动演奏玩偶。

虽然以上发明设计精妙绝伦，但它们一般主要由机械结构来完成，相关的计算机技术、电子控制等学科和技术还没有发展起来，因而与严格意义上的机器人技术还有很大差距，但它们是机器人的雏形，代表着人们早期对机器人技术的探索成果。

图 1.2 木牛流马现代复原作品

（2）近现代机器人技术的发展

到 20 世纪，计算机及电子技术的出现和飞速发展，使机器人的探索发展迈上了新的台阶。

1920 年，捷克作家卡雷尔·卡佩克在 20 世纪工业革命后技术和生产快速发展的背景下，写了一篇名为《罗萨姆的万能机器人》的科幻小说，他在小说中构思了一种称为罗伯特（Robot）的机器人，由此，"robot"一词被大家广泛使用。

1959 年，美国的恩格尔伯格和德沃尔联手研制出世界上第一台工业机器人，标志着机器人的历史真正开始。二人随后成立了世界上第一家机器人制造公司——Unimation 公司。直到 1978 年，第一个通用工业机器人 PUMA 由 Unimation 公司推出，这标志着工业机器人技术已经完全成熟。PUMA 至今仍然工作在工厂第一线，如图 1.3 所示。美国被称为机器人的诞生地，经过几十年的发展，现已成为世界上的机器人强国之一，基础雄厚，技术先进。

图 1.3 美国 Unimation 公司的 PUMA 机器人

1969 年，日本加藤一郎实验室研发出第一台以双脚走路的机器人；随后，Honda 公司分别在 1997 年和 2000 年推出第一代人形机器人 P3 和第二代人形机器人 Asimo；1999 年，日本 Sony 公司推出犬型娱乐机器人 Aibo，受到大众欢迎，将服务机器人推向一个高潮；2008 年，日本 Fanuc 公司推出了学习控制机器人。机器人技术在日本得到重要发展，使日本成为名副其实的"机器人王国"。

　　除了美国和日本外，德国 KUKA 和瑞典 ABB 公司在工业机器人领域也非常有名。KU-KA 公司在 2007 年推出了远距离机器人和重型机器人，极大地扩展了工业机器人的应用范围。ABB 公司在 2009 年推出了世界上最小的多用途工业机器人 IRB 120。丹麦 iRobot 公司在 2002 年推出了扫地机器人 Roomba，它能避开障碍，自动设计行进路线，还能在电量不足时，自动驶向充电座。Roomba 是目前世界上销量最大、最商业化的家用机器人。

　　我国在机器人开发领域起步较晚，但也取得了重要进展和一些标志性成果。1982 年，中国科学院沈阳自动化研究所研制成功了我国第一台具有点位控制和速度轨迹控制的 SZJ-1 型示教再现工业机器人样机。1983 年，中国科学院沈阳自动化研究所作为总体单位，联合国内相关高校和科研院所，开展并完成了中国第一台潜深 200m 有缆遥控水下机器人"海人一号"的研究、设计与试验。1987 年，上海大学成功研制出"上海二号"搬运机器人；1997 年，中国科学院沈阳自动化研究所主持开发的水下机器人"CR-01"成功下潜至水下6000 米海深，如图 1.4 所示，使我国机器人的总体技术水平跻身于世界先进行列，成为当时世界上拥有潜深 6000 米自主水下机器人的少数国家之一。2015 年，我国研制出世界首台自主运动可变形液态金属机器人，同时世界级"网红"——Sophia（索菲亚）机器人诞生；中船重工集团 702 所牵头研制成功了载人潜水器系列"蛟龙""深海勇士"和"奋斗者"号，实现全海深的水下探测与作业。

图 1.4　我国开发的 CR-01 自主水下机器人

　　2016 年至今，全球工业机器人销量年均增速超过 17%，与此同时，服务机器人发展迅速，应用范围日趋广泛，以手术机器人为代表的医疗康复机器人形成了较大产业规模，空间机器人、仿生机器人和反恐防暴机器人等特种机器人也实现了应用。

1.1.2　机器人的概念

　　随着越来越多的机器人走入生产生活等众多领域，并得到广泛、成功应用，人们对于机器人早已耳熟能详。然而，机器人却一直没有一个统一、严格、准确的定义。一方面，机器人种类繁多，不同国家、学术团体及行业组织等对机器人的定义和描述出现很大差异；另一方面，机器人技术发展迅速，日新月异，使得机器人的内涵也随其发展而不断丰富和变化。

关于机器人的定义，国际上主要有如下几种：

① 美国机器人工业协会（Robotic Industries Association，RIA）的定义：机器人是一种用于移动各种材料、零件、工具或专用装置的，通过可编程序动作来执行多种任务的，并具有编程能力的多功能机械手（manipulator）。

② 日本工业机器人协会（Japan Robot Association，JRA）的定义：工业机器人是一种装备有记忆装置和末端执行器（end effector）的、能够转动并通过自动化完成各种移动来代替人类劳动的通用机器。

③ 国际标准化组织（International Organization for Standardization，ISO）的定义：机器人是一种自动的、位置可控的、具有编程能力的多功能机械手，这种机械手具有几个轴，能够借助于可编程序操作来处理各种材料、零件、工具和专用装置，以执行多种任务。

很显然，以上机器人的定义单指的是工业机器人，但并不全面，工业机器人在机器人家族中，只是智能机器人的一部分。

随着机器人技术的发展，我国也面临讨论和制定关于机器人技术的各项标准问题，其中包括对机器人的定义。我国在参考国际上各国的机器人定义的基础上，结合我国实际情况，对机器人做出统一的定义。《中国大百科全书》（第一版）对机器人的定义为：能灵活地完成特定的操作和运动任务，并可再编程序的多功能操作器。而对机械手的定义为：一种模拟人手操作的自动机械，它可按固定程序抓取、搬运物件或操持工具完成某些特定操作。

一般来说，可将机器人定义为：机器人是一种自动化的机器，具备一些与人或生物相似的智能能力，如感知能力、规划能力、动作能力和协同能力，是一种具有高度灵活性的自动化机器。

机器人与众多学科密切相关，相关学科技术的发展和进步都可能带来机器人的进化和智能水平的提高，同时，对机器人的定义也需要做必要的修改和完善。

1.1.3　机器人的优势

机器人技术发展迅速，以其优越的性能在生产生活、各行各业获得越来越广泛的应用。通过与汽车等传统制造业紧密结合，极大提高了工业生产效率和质量，而在家庭服务、医疗等行业的应用则显著提高了服务水平，在消防、抗震救灾、深海探测等特殊领域的应用则保障了人类生命财产的安全。

机器人作为一种智能机器，其出现不仅为人类的生产生活带来了诸多便利，而且在许多领域展现出了明显的优势，已经成为现代社会中的重要组成部分。在很多应用领域，人们不得不借助机器人来完成相关任务。

（1）安全性

安全性是机器人最明显的优势之一，可帮助人类免受伤害。机器人不知道恶劣条件和有利条件的区别，无论将它们放置在何处，它们都将按照预期的方式有效地工作，如防爆机器人可在井下、煤矿等恶劣复杂环境中，代替人类到危险区域执行巡检任务，在发生紧急情况时及时发出警报信号，提醒工作人员第一时间做出响应并及时解除安全风险，极大地保护了工作人员的安全；喷涂机器人可在封闭环境中代替人类工作，以免让工作人员遭受粉尘和甲醛等有害气体侵害；海底几千米的水下，人类根本无法到达，但可借助水下机器人完成海洋

图 1.5　防爆巡检机器人

科学考察任务。从某种意义上讲，机器人的产生突破了人类自身的生理极限，可在保证安全性的前提下，完成以前不能完成或有危险的任务。如图 1.5 所示为防爆巡检机器人。

（2）高效率

机器人的应用可显著提高生产效率。机器人在工作中不会受到情绪及外部环境的干扰，不会分心或需要休息，永远不会因为感到压力而使工作速度慢下来。机器人可以 24 小时不间断工作，这可以加快生产速度，提高生产效率。如用于汽车装配的工业机器人可按照设定的工艺流程，不间断、高效率地在车间流水线工作，不仅减轻了人力劳动的压力，而且提高了生产效率，产生了极大的经济效益；如景区或酒店的导航及迎宾机器人，可以不受天气及节假日影响，昼夜不休地为游客服务。此外，通过物联网技术，机器人还可以与其他机器人进行协作，形成高效的生产系统，进一步提高生产效率和灵活性。

（3）高质量

与人类相比，机器人在保证质量方面具有显著优势。由于机器人都是由程序算法控制，可以几乎无差别地精确重复每次运动，而不受周围环境或心情等因素影响。人工智能和机器学习等技术的应用使得机器人能够精确地操作和控制每次运动，从而减少了生产过程中的错误和损失，每次都会创造出一种可预测的完美产品。如应用于汽车行业的焊接机器人，不仅可以实现高效率的工作，还可以保证成千上万的焊缝质量基本一致，极大降低了废品率，提高了汽车产品质量和安全性，这是人类无法做到的。

（4）高精度

人类的感官和认知都有一定局限，称"感觉阈限"，如眼睛只能看到 390 至 750 纳米范围的可见光，人耳的听觉范围一般是 20 至 20000 赫兹。而机器人的感官主要由其自身传感器的分辨率或测量范围来确定，比人类高出很多倍，这也为机器人实现高精度操作提供了条件。如医疗手术机器人可辅助医生完成对病人病变部位的精确手术，微纳米机器人可通过血液准确抵达人体某个部位，配合医生进行高精确度操作，进行智能微手术，甚至可在分子层面对原子和细胞结构进行一系列的改造。如图 1.6 所示为一种医用微纳米机器人。

（5）高智能

随着人工智能及机器学习等新技术日趋成熟，机器人的智能水平不断提高。在制造生产领域，通过物联网及 5G（第五代移动通信技术），某些智能化公司已经对下料、加工、测量、装配、成品包装等工序完全实现无人化操作，中间运输则由 AGV（自动导引车）完成。同时，服务机器人的高智能化水平也在时时刻刻影响人们的生活，如智能家居可为人们提供

图 1.6　微纳米机器人

高效、舒适、安全、便利、环保的居住环境，优化人们的生活方式，帮助人们有效安排时间，增强家居生活的安全性等。

1.1.4　机器人发展趋势

随着 AI（人工智能）、智能控制、导航定位、多传感器信息融合等新技术快速发展，机器人产品智能化趋势更加明显，具有感知、识别、决策、执行等功能的智能机器人已成为产业竞争的新手段。人性化、重型化、微型化、网络化、柔性化、智能化已经成为机器人产业的主要发展趋势。近些年，工业机器人市场规模快速增长的同时，服务机器人也在快速发展，服务机器人市场规模有望超过工业机器人。未来的服务机器人是人工智能从虚拟世界联系物理世界的重要载体，是促使人类辅助终端从 PC（个人计算机）、智能手机变得"人格化"的重要智能自主平台。未来机器人的发展趋势可以体现在以下几个方面。

（1）机器人向更加智能化、模块化和系统化方向发展

第一，模块化改变了传统机器人仅能适用有限范围的问题，工业机器人的研发更趋向采用组合式、模块化的产品设计思路，重构模块化帮助用户解决产品品种、规格与设计制造周期和生产成本之间的矛盾。例如，关节模块中伺服电机、减速器和检测系统的三位一体化，以关节、连杆模块重组的方式构造机器人整机。第二，机器人产品向智能化发展的过程中，工业机器人控制系统向开放性控制系统集成方向发展，伺服驱动技术向非结构化、多移动机器人系统改变，机器人协作已经不仅是控制的协调，而是机器人系统的组织与控制方式的协调。第三，工业机器人技术不断延伸，目前的机器人产品正在嵌入工程机械、食品机械、实验设备、医疗器械等传统装备之中。

（2）新型智能机器人市场需求增加，尤其是具有智能性、灵活性、合作性和适应性的机器人需求持续增长

第一，下一代智能机器人的精细作业能力进一步提升，对外界的适应感知能力不断增强。在机器人精细作业能力方面，波士顿咨询集团调查显示，最近进入工厂和实验室的机器人具有明显不同的特质，它们能够完成精细化的工作内容，如组装微小的零部件，并且预先设定程序的机器人不再需要专家的监控。第二，市场对机器人灵活性方面的需求不断提高。如雷诺公司用了一批 29 千克的拧螺钉机器人，该机器人通过嵌入 6 个旋转接头的机械臂设计，实现了仅有 1.3 米长的机械臂的灵活操作。第三，机器人与人协作能力的要求不断增强。未来机器人能够靠近工人执行任务，新一代智能机器人采用声呐、摄像头或者其他技术感知工作环境是否有人，如有碰撞，它们可能会减慢速度或者停止运作。

（3）人工智能技术广泛应用于智能机器人

人工智能在人脸识别、手写识别、语音识别、语义理解、机器翻译等范围内产生了大量的应用，在无人驾驶汽车、智能服务机器人等一系列代表未来技术的产品中发挥着举足轻重的作用。如把人工智能系统与传统机器人控制器进行结合，从而建立实时性和适应性很好的系统，人工智能应用于智能机器人路径规划、决策等。

（4）多项先进技术推动智能机器人发展

机器人是多学科交叉的产物，集成了运动学与动力学、机械设计与制造、计算机硬件与软

件、控制与传感器、模式识别与人工智能等学科领域的先进理论与技术。同时，它又是一类典型的自动化机器，是专用自动机器、数控机器的延伸与发展。当前，社会需求和技术进步都对机器人向智能化发展提出了新的要求，围绕机器人的概念创新、技术创新是国际科技竞争的重要方面。自动化应用领域的扩展对智能机器人及系统提出了新的需求，信息技术与机器人的互动发展提升了机器人的高技术含量，机器人是自动化领域中富有代表性和生命力的亮点。

（5）微型化、轻型化、柔性化的机器人研究将迎来大突破

有人称微型机器和微型机器人为 21 世纪的尖端技术之一。目前已经开发出手指大小的微型移动机器人，可用于进入小型管道进行检查作业。可让它们直接进入人体器官，进行各种疾病的诊断和治疗，而不损害人的健康。在工业机器人方面，轻型化、柔性化发展提速，人机协作不断走向深入；在大中型机器人与微型机器人系列之间，还有小型机器人。小型化也是机器人发展的一个趋势。小型机器人移动灵活方便，速度快，精度高，适于进入大、中型工件直接作业。比微型机器人还要小的超微型机器人，应用纳米技术，可用于医疗和军事侦察领域。在服务机器人方面，认知智能已取得一定进展，产业化进程持续加速。在特种机器人方面，结合感知技术与仿生新型材料，智能性和适应性不断增强。

1.2　机器人的分类

机器人的种类有很多，可以根据应用领域、结构形式、控制方式等进行分类，下面介绍几种常见的分类方式。

1.2.1　按机器人应用领域分类

按照机器人的应用领域，可以把机器人划分为工业机器人、服务机器人和特种机器人3 类。

（1）工业机器人

工业机器人广泛用于工业领域，其一般的组成结构是多关节机械手或多自由度的机器装置（如图 1.7 所示），在硬件的控制作用下，可依靠自身搭载的动力能源装置，实现各种工业加工制造功能。在工业生产加工过程中，可以通过工业机器人作业来代替执行某些单调、频繁或重复且长时间的人类作业，其被替代的作业主要包括焊接、搬运、码垛、包装、涂装、切割等。除机械手外，AGV（如图 1.8 所示）其实既可以是工业用也可以是非工业用，但大多还是放在工业领域考虑，尤其是重载 AGV，一般认为是工业机器人的领域范围。

（2）服务机器人

服务机器人应用的场景也非常广泛。在不同的工作环境中，服务机器人可以进行人类某些单调复杂的工作，

图 1.7　码垛机械手

例如医疗物资搬运、水下探测、智能服务接待等，它们所处的工作环境状况千变万化，需要利用相应的电子传感及人工智能技术进行相应的环境状况识别。服务机器人主要包括家用服务机器人、医用服务机器人和公共服务机器人。其中，家用服务机器人是为人类服务的特种机器人，是能够代替人完成家庭服务工作的机器人；医用服务机器人（如图 1.9 所示）是指用于医院、诊所的医疗或辅助医疗的机器人，作为一种智能型服务机器人，它能独立编制操作计划，依据实际情

图 1.8　物流 AGV

况确定动作程序，然后把动作程序变为操作机构的运动；公共服务机器人（如图 1.10 所示）是指在农业、金融、物流、教育等除医学领域外的公共场合为人类提供一般服务的机器人。

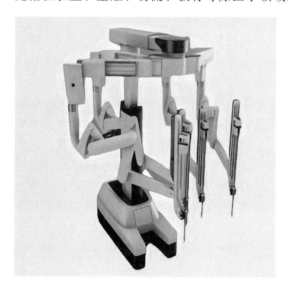

图 1.9　手术机器人

图 1.10　公共服务机器人

（3）特种机器人

特种机器人是指代替人类从事高危环境和特殊工况工作的机器人，主要包括军事应用、极限作业和应急救援机器人。国内通常将这一类机器人单独列出，比如月球车（如图 1.11 所示）、核电站检修机器人等，是针对一个特定领域、特定用途设计的机器人。之所以单列，主要是因为，无论是工业机器人、服务机器人，其基本的构造和技术路线通常都是遵循了几个基本方案扩展出来的，而特种机器人则千差万别，尤其是结构，几乎是一个场景一种设计，通用性很低。

1.2.2　按机器人控制方式分类

按照机器人的控制方式，可以把机器人分为非伺服机器人和伺服控制机器人。

图 1.11   我国研制的玉兔号月球车

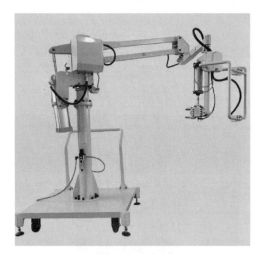

图 1.12   助力机械手

（1）非伺服机器人

非伺服机器人的工作能力是比较有限的，其运动方式一般是按照事先编好的程序执行相应的运动，该类机器人往往应用于"抓放"或者"开关"等相对简单的动作，类似于定点或者固定轨迹式运动。机器人按照预先编程的顺序工作，并使用限位开关、终端制动器、插销板和定序器等来控制运动。插销板预先确定机器人的工作顺序，并且通常是可调节的。定序器是一种定序开关或步进设备，它以预先确定的正确顺序打开驱动器的能源装置。驱动装置接入能量后，驱动机器人的手臂、手腕和手部运动。当它们移动到限位开关指定的位置时，限位开关切换工作状态，定序器发出工作任务已完成的信号，并使终端制动器动作，切断驱动能量，停止机器人移动。如图 1.12 所示的助力机械手，就是非伺服机器人的一种。

（2）伺服控制机器人

伺服控制的机器人比非伺服机器人的工作能力更强。伺服系统的受控量可以是机械手执行器的位置、速度、加速度和力。传感器得到的反馈信号和给定装置的综合信号经比较器比较得到误差信号，经放大后用于激活机器人的驱动装置，进而驱动手部执行装置以一定的规律运动。在很多情况下，伺服系统专指被控制量是机械位移或位移速度、加速度的反馈控制系统。

伺服控制机器人可分为点位伺服控制和连续轨迹伺服控制机器人。

① 点位伺服控制机器人。一般来说，点位伺服控制机器人能够在其工作运动轨迹内精确地编入程序的三维点之间的运动。程序设计师一般只对其一段路径的端点进行设计，而且机器人能够以最快和最直接的路径从一个端点移动到另外一个端点，该机器人一般实现的是直线运动，所以其运动轨迹可以理解为由多条折线段组成。点位伺服控制机器人用于只有终端位置比较重要，而对于编程点之间的路径、速度以及加速度等因素不做主要考虑的场合

（如图 1.13 点焊机器人）。

　　② 连续轨迹伺服控制机器人。一般来说，连续轨迹伺服控制机器人能够平滑地跟随某个预定的轨迹移动，其轨迹往往是某条不在预编程端点停留的曲线路径，其运动位置是依照时间采样的，而不是依照预先规定的空间点进行采样。该运动曲线相对比较平滑，其轨迹的确定需要全面考虑速度和加速度等因素。当该类型机器人，如弧焊机器人、抛磨机器人（如图 1.14 所示），用于曲面加工时，其加工精度相对较高，同时设计成本也会较高。

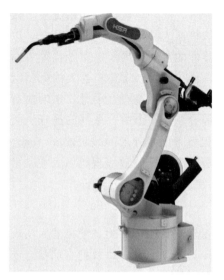

图 1.13　点焊机器人

图 1.14　抛磨机器人

1.2.3　其他分类方式

　　除以上分类方式，机器人还可以根据运动方式和智能程度进行分类。

　　机器人按其运动方式可以分为固定式机器人和移动式机器人，移动式机器人又可以分为轮式机器人、履带式机器人、足式机器人、飞行机器人和水下机器人等。

　　机器人按其智能程度可以分为一般机器人和智能机器人。智能机器人根据其智能水平又可分为传感型机器人、半自主机器人和自主机器人。

1.3　机器人基本组成和技术参数

1.3.1　机器人基本组成

　　尽管人们为了满足不同的任务需要，开发出各式各样的机器人，形状功能各不相同，但其基本上都由三大部分或细分成的六个子系统组成。其中三大部分是指机械部分、控制部分、传感部分，而六个子系统分别为机械结构系统、驱动系统、感知系统、人-机交互系统、控制系统、机器人-环境交互系统，如图 1.15 所示。

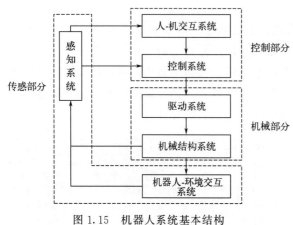

图 1.15　机器人系统基本结构

（1）机械结构系统

机械结构系统是机器人的主体部分，它决定了机器人的外形、运动方式、作业能力等。不同机器人的机械结构系统的设计往往差别很大，首先，该系统要适用于各机器人的应用场景和任务需求，此外，机械结构系统还要做到与该机器人其他子系统兼容配合，以及各器件的空间布局及电磁干扰等方面的合理优化配置。工业机器人的机械结构系统通常包括基座、手臂、末端执行器等部分，是一个由一系列的连杆、关节组成的多自由度机械系统。水下机器人机械结构设计不仅要考虑其外形的减阻效应，而且要注意各电子器件的水密封设计，以及各组成部分的质量分布和调配，以实现机器人在水中以稳定的姿态航行。

（2）驱动系统

驱动系统是机器人的动力部分，通过源源不断的能量输出产生驱动力，使机器人实现运动。根据驱动源的不同，驱动系统主要可分为电动、液压、气动三种，以及把它们结合起来应用的综合系统。驱动系统与机械系统可直接连接，也可通过同步带、链条、齿轮、谐波传动装置等与机械系统间接连接。具体选择哪一种驱动系统，取决于机器人的应用场景和性能要求。

（3）控制系统

控制系统是机器人的"中枢神经系统"，它负责根据机器人的作业指令程序以及从传感器反馈回来的信号，控制机器人的执行机构去完成规定的运动和功能。根据机器人控制系统是否有反馈，可将其区分为开环控制系统（无反馈）和闭环控制系统（有反馈）。要实现对机器人的精确控制，闭环控制系统是基础。根据控制原理，控制系统可分为程序控制系统、适应性控制系统及人工智能控制系统。根据控制运动形式，控制系统又可分为点位控制和连续轨迹控制。

（4）感知系统

感知系统相当于机器人的"感知器官"，通过内部和外部的传感器，获得内部和外部环境状态中有意义的信息，传感器数据的获取是机器人完成识别和理解机器人自身及周围环境的基础。智能传感器的使用，以及多传感器信息融合，极大提高了机器人的机动性、适应性和智能化水平。

（5）机器人-环境交互系统

机器人-环境交互系统是实现机器人与外部环境中的设备进行联系和协调的系统，负责机器人与环境之间的信息交流和交互操作。机器人环境适应能力的提高往往需要实时获取外部环境信息，以便通过其控制系统实现进一步的运动或操作，如躲避障碍物、危险急停等，增强其智能化水平。

（6）人-机交互系统

人-机交互系统是操作人员与机器人进行信息交互的接口，它不仅负责接收操作人员的指令并控制机器人的动作，而且实时显示机器人自身的参数信息及工作状态，如计算机的标准终端、指令控制台、信息显示板以及危险信号报警器等。归纳起来，人-机交互系统可分为指令给定装置和信息显示装置两大类。

1.3.2　机器人技术参数

机器人技术参数作为描述和衡量机器人性能的关键指标，是选择、设计和应用机器人必须考虑的问题。机器人技术参数主要有自由度、精度、分辨率、工作速度、工作范围及承载能力等。

（1）自由度

自由度是指描述机器人所具有的独立坐标轴运动的数目。在三维空间中，描述一个物体的位置和姿态（简称位姿）需要 6 个自由度，如单体的空中无人机、水下机器人等一般都具有 3 个平移和 3 个转动共 6 个自由度。对于工业机器人而言，其自由度是指确定机器人手部在空间的位姿时所需要的独立运动参数的数目，一般不包含手部（或末端执行器）的开合自由度。工业机器人的自由度越多，其灵活性和通用性就越好；但是自由度越多，结构越复杂，对机器人的整体要求就越高，这是机器人设计中的一个矛盾。目前，焊接和涂装作业机器人多为 6 或 7 个自由度，而搬运、码垛和装配机器人多为 4 到 6 个自由度。如图 1.16 所示为 7 自由度机器人结构简图。

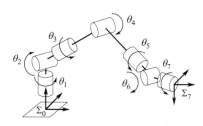

图 1.16　7 自由度机器人结构简图

（2）精度与分辨率

机器人的精度主要包括定位精度和重复定位精度。不同应用场合的机器人所侧重的精度指标往往也不尽相同，如焊接机器人、喷涂机器人的定位精度往往是其重要指标，而码垛机器人和搬运机器人则更关注重复定位精度。

定位精度是指机器人实际位置与目标位置的差异。对于工业机器人而言，定位精度是指其手部实际到达位置与目标位置的差异；而对于服务机器人及特种机器人来说，则指机器人本身的实际位置与设定目标位置的差异。

重复定位精度是指机器人重复执行同一任务时的精度，通常以角度或位置的误差来衡量，是关于精度的统计数据。这个参数反映了机器人的稳定性和精确性，对于高精度和高重复性的工作非常重要。

分辨率往往由机器人传感检测单元的参数决定，如机器人视觉中摄像头所能拍摄的最小单位像素点数量，可以影响看到的物体的清晰程度。对于工业机器人而言，其分辨率就是指各个关节所能实现的最小移动距离或最小转动角度。

（3）工作速度

机器人工作速度是指其在一定工作载荷下的平移速度和转动角速度，一般在其性能指标说明中通过给定的最大工作速度，设定一定的数值范围。显而易见，工作速度是影响机器人工作效率的一个关键因素，工作速度越高，其效率也越高。但过高的工作速度不可避免有大的加速和减速过程，因此工作速度越高，对机器人整体稳定性的要求就会越高。

（4）工作范围

机器人的工作范围是指机器人能够执行的任务和活动的范围，也称工作区域。随着技术的进步和应用需求的提升，在实际应用中机器人的工作范围通常是根据具体应用场景和需求进行设计和优化的。对于工业机器人而言，工作范围是指其手部末端或手部中心所能达到的所有点的集合，其工作范围的形状和大小十分重要，机器人在执行作业时可能会因为存在手部不能达到的作业"死区"而无法完成工作任务。对于服务机器人和特种机器人，其工作范围一般指机器人本体最多能达到或作业的范围。图1.17所示为新松工业机器人T12A-20的工作范围。

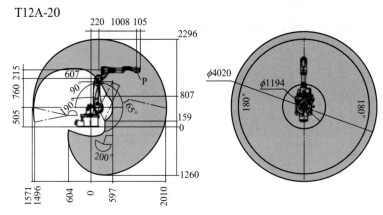

图 1.17　新松工业机器人 T12A-20 工作范围

（5）承载能力

机器人的承载能力是指机器人在工作范围内的任何位姿上，正常工作所能承载的最大质量，通常以 kg 为单位表示。承载能力不仅取决于负载本身，还与机器人的加速度和速度密切相关。为了安全起见，承载能力一般指高速运行时的承载能力。这个参数对于选择和设计机器人非常重要，因为它决定了机器人的应用场合和使用方式。

除了以上通用指标外，对于某一具体型号的机器人，往往还有其他性能指标，如水下机器人的最大下潜深度、从事易燃易爆工作的机器人的防护等级等，这与它们具体实际应用相关，这里不再详述。

以我国的6轴工业机器人代表产品，新松 T12A-20（图1.18所示）和松乐 SL500-2800（图1.19所示）为例，其技术参数如表1.1所示。

表 1.1　新松 T12A-20 和松乐 SL500-2800 技术参数

项目	T12A-20	SL500-2800
机器人类型	多关节型机器人	多关节型机器人
控制轴数	6 轴(J1,J2,J3,J4,J5,J6)	6 轴(J1,J2,J3,J4,J5,J6)
安装形式	地面	地面
动作范围	J1 轴 ±180°；J2 轴 −165°～+90°；J3 轴 −200°～+190°（联合），−85°～+160°（单轴）；J4 轴±180°；J5 轴−160°～+145°；J6 轴±360°	J1 轴 ±180°；J2 轴 −60°～+105°；J3 轴 −30°～+140°；J4 轴±180°；J5 轴±115°；J6 轴±360°
动作速度	J1 轴 200(°)/s；J2 轴 220(°)/s；J3 轴 220(°)/s；J4 轴 400(°)/s；J5 轴 430(°)/s；J6 轴 720(°)/s	J1 轴 80(°)/s；J2 轴 90(°)/s；J3 轴 90(°)/s；J4 轴 100(°)/s；J5 轴 80(°)/s；J6 轴 140(°)/s

续表

项目	T12A-20	SL500-2800
可承载质量	12kg	500kg
驱动方式	交流电机伺服驱动	交流电机伺服驱动
重复定位精度	±0.07mm	±0.15mm
臂展	2010mm	2800mm
机器人质量	250kg	3000kg
防护等级	IP65	IP40

图 1.18　新松工业机器人 T12A-20

图 1.19　松乐机器人 SL500-2800

1.4　本章习题

(1) 简述机器人的定义有哪些，各种定义有什么区别。

(2) 简述机器人在各领域中应用的主要优势。

(3) 举例说明我国重要的机器人科研单位以及技术优势。

(4) 简述机器人的发展趋势。

(5) 机器人的分类方式有哪些？并举例说明。

(6) 简述伺服控制机器人的工作原理。

(7) 简述机器人的六个子系统及三大部分之间的关系。

(8) 机器人的技术参数有哪些？并简述其基本含义。

(9) 什么是定位精度和重复定位精度？它们有什么区别？

(10) 简述机器人的应用领域有哪些，并举例说明。

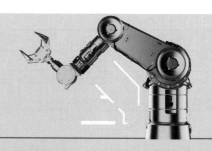

第2章

机器人运动学和动力学

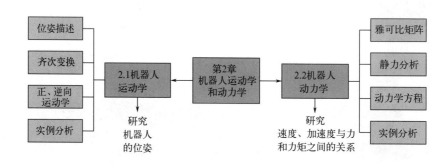

2.1 机器人运动学

2.1.1 机器人的位姿描述

在机器人学中,机器人的位置和姿态经常成对出现,于是将此组合称作位姿。为了准确描述机器人的位姿,首先要建立多个坐标系,其中,相对于机器人不动的坐标系称为固定坐标系,而固连在机器人各个相对运动部件上,并跟随部件运动的坐标系,称为移动坐标系。由于移动坐标系与要描述的机器人的运动部件固连,因此,该机器人的部件的位姿便可由移动坐标系来确定,具体为:部件的位置由固定坐标系原点到移动坐标系原点的位置矢量来表示,其姿态则由移动坐标系的方向向量表示,这样就将机器人部件的位姿描述转化为坐标系的位置矢量和方向向量的数学运算。显然,机器人位姿的描述需要用到坐标系、向量以及它们之间的变换和运算来完成,而这也是实现其运动学和动力学分析的基础和前提。

(1) 点的位置描述

当确定一个参考系之后,可以通过位置矢量表示某个点在参考系中的位置,如在坐标系 $\{A\}$ 中,存在某一点 P,那么此时可以表示为

$$^A\boldsymbol{P} = \begin{bmatrix} P_X & P_Y & P_Z \end{bmatrix}^{\mathrm{T}} \qquad (2.1)$$

式中，位置矢量 $^A\boldsymbol{P}$ 的上标 A 表示坐标系 $\{A\}$；P_X、P_Y、P_Z 分别表示点 P 在参考系中沿着 X、Y、Z 三个方向的坐标分量，如图 2.1 所示。

如果在式(2.1)中再加一个元素 w，就变成用 4×1 的位置矢量来表示参考系 $\{A\}$ 中点的位置，即

$$\boldsymbol{P} = \begin{bmatrix} P_X & P_Y & P_Z & 1 \end{bmatrix}^{\mathrm{T}} \qquad (2.2)$$

像这样，用 $n+1$ 维的坐标表示 n 维空间中的点，该 $n+1$ 维的坐标就叫 n 维坐标的齐次坐标。多出的元素 w 相当于一个比例因子，可随意取值，这样要表示同一坐标系中的同一点，w 改变时前几个元素也要跟着

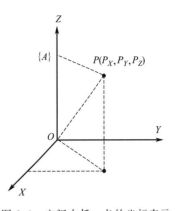

图 2.1　空间中任一点的坐标表示

变。当 w 取 1 时，其表示方法称为齐次坐标的规范化格式，如式(2.2) 所示。w 取任意非零数，当 $a = wP_X$，$b = wP_Y$，$c = wP_Z$ 时，P 点齐次坐标可表示为

$$\boldsymbol{P} = \begin{bmatrix} a & b & c & w \end{bmatrix}^{\mathrm{T}} \qquad (2.3)$$

可见，同一点的齐次坐标的表达式不唯一。如果上述点 P 是机器人某个运动部件的移动坐标系的原点，那么固定坐标系原点到该原点 P 的位置矢量即可表示该部件的位置。

（2）坐标轴的方向描述

规定：如果列阵 $\begin{bmatrix} a & b & c & w \end{bmatrix}^{\mathrm{T}}$ 中第四个元素为零，且满足 $a^2 + b^2 + c^2 = 1$，则 $\begin{bmatrix} a & b & c & 0 \end{bmatrix}^{\mathrm{T}}$ 表示某轴的方向；如果列阵 $\begin{bmatrix} a & b & c & w \end{bmatrix}^{\mathrm{T}}$ 中第四个元素不为零，则 $\begin{bmatrix} a & b & c & w \end{bmatrix}^{\mathrm{T}}$ 表示空间中某点的位置。

例 2.1　用齐次坐标表示图 2.2 中矢量 $\boldsymbol{u}$、$\boldsymbol{v}$、$\boldsymbol{w}$ 的方向。

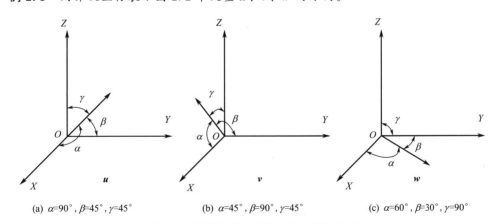

(a) $\alpha = 90°$，$\beta = 45°$，$\gamma = 45°$　　(b) $\alpha = 45°$，$\beta = 90°$，$\gamma = 45°$　　(c) $\alpha = 60°$，$\beta = 30°$，$\gamma = 90°$

图 2.2　用不同方向角表示三个方向矢量

解　矢量 $\boldsymbol{u}$ 可表达为　　　　$\boldsymbol{u} = \begin{bmatrix} a & b & c & 0 \end{bmatrix}^{\mathrm{T}}$

式中　　　　　　　　　　$a = \cos\alpha, b = \cos\beta, c = \cos\gamma$

本例中　　　　　　　　　$\cos\alpha = 0, \cos\beta = 0.707, \cos\gamma = 0.707$

则　　　　　　　　　　　$\boldsymbol{u} = \begin{bmatrix} 0 & 0.707 & 0.707 & 0 \end{bmatrix}^{\mathrm{T}}$

矢量 $\boldsymbol{v}$　　　　　　　　$\cos\alpha = 0.707, \cos\beta = 0, \cos\gamma = 0.707$

则　　　　　　　　　　　$\boldsymbol{v} = \begin{bmatrix} 0.707 & 0 & 0.707 & 0 \end{bmatrix}^{\mathrm{T}}$

矢量 w　　　　　　　　　　$\cos\alpha = 0.5, \cos\beta = 0.866, \cos\gamma = 0$

则　　　　　　　　　　　　　$w = \begin{bmatrix} 0.5 & 0.866 & 0 & 0 \end{bmatrix}^T$

（3）机器人的位姿描述

机器人往往由多个相互运动的部件组成，其位姿的描述就需要多个固连在各个运动部件上的移动坐标系来完成，因此，各部件的位姿就转化为各移动坐标系的位姿。移动坐标系的位置矢量和坐标轴的方向向量，以齐次坐标的形式可以表示为

$$d = \begin{bmatrix} n & o & a & P \end{bmatrix} = \begin{bmatrix} n_X & o_X & a_X & X_0 \\ n_Y & o_Y & a_Y & Y_0 \\ n_Z & o_Z & a_Z & Z_0 \\ 0 & 0 & 0 & 1 \end{bmatrix}$$

其中

$$\begin{cases} n = \begin{bmatrix} n_X & n_Y & n_Z & 0 \end{bmatrix}^T \\ o = \begin{bmatrix} o_X & o_Y & o_Z & 0 \end{bmatrix}^T \\ a = \begin{bmatrix} a_X & a_Y & a_Z & 0 \end{bmatrix}^T \end{cases}$$

机器人手部的位置和姿态也可以用固连于手部的移动坐标系 $\{B\}$ 的位姿来表示。坐标系 $\{B\}$ 可以这样来确定：取手部的中心点为原点 O_B；关节轴为 Z_B 轴，Z_B 轴的单位方向矢量 a 称为接近矢量，指向朝外；两手指的连线为 Y_B 轴，Y_B 轴的单位方向矢量 o 称为姿态矢量，指向可任意选定；X_B 轴与 Y_B 轴及 Z_B 轴垂直，X_B 轴的单位方向矢量 n 称为法向矢量，且 $n = o \times a$，指向符合右手法则。

手部的位置矢量为固定参考系原点指向手部坐标系 $\{B\}$ 原点的矢量 P，手部的方向矢量为 n、o、a。于是手部的位姿可用 4×4 矩阵表示为

$$T = \begin{bmatrix} n & o & a & P \end{bmatrix} = \begin{bmatrix} n_X & o_X & a_X & P_X \\ n_Y & o_Y & a_Y & P_Y \\ n_Z & o_Z & a_Z & P_Z \\ 0 & 0 & 0 & 1 \end{bmatrix} \tag{2.4}$$

例 2.2　图 2.3 表示抓握物体 Q 的手部，物体是边长为 2 个单位的正立方体，写出表达该手部位姿的矩阵表达式。

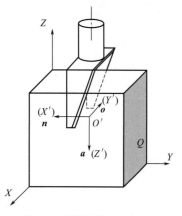

图 2.3　抓握物体 Q 的手部

解　因为物体 Q 形心与手部坐标系 $O'X'Y'Z'$ 的坐标原点 O' 相重合，所以手部位置的 4×1 列阵为

$$P = \begin{bmatrix} 1 & 1 & 1 \end{bmatrix}^T$$

手部坐标系 X' 轴的方向可用单位矢量 n 表示为

$$\alpha = 90°, \beta = 180°, \gamma = 90°$$

$$n_X = \cos\alpha = 0, n_Y = \cos\beta = -1, n_Z = \cos\gamma = 0$$

同理，手部坐标系 Y' 轴与 Z' 轴的方向可分别用单位矢量 o 和 a 表示为

$$o : o_X = -1, o_Y = 0, o_Z = 0$$

$$a : a_X = 0, a_Y = 0, a_Z = -1$$

根据式（2.4）可知，手部位姿可用矩阵表示为

$$T = \begin{bmatrix} n & o & a & P \end{bmatrix} = \begin{bmatrix} 0 & -1 & 0 & 1 \\ -1 & 0 & 0 & 1 \\ 0 & 0 & -1 & 1 \\ 0 & 0 & 0 & 1 \end{bmatrix}$$

2.1.2　齐次变换

机器人及其各个运动部件在空间可发生平移、旋转以及复合运动，为了准确描述其运动状态，可以用一种特定形式的矩阵来表示，由此引入齐次坐标变换矩阵。

（1）平移变换

空间中某一点 A，坐标为 $(X_A，Y_A，Z_A)$，当它平移至 A' 后，坐标为 $(X_{A'}，Y_{A'}，Z_{A'})$，如图 2.4，它们的关系为

$$\begin{cases} X_{A'} = X_A + \Delta X \\ Y_{A'} = Y_A + \Delta Y \\ Z_{A'} = Z_A + \Delta Z \end{cases} \quad (2.5)$$

写成矩阵形式为

$$\begin{bmatrix} X_{A'} \\ Y_{A'} \\ Z_{A'} \\ 1 \end{bmatrix} = \begin{bmatrix} 1 & 0 & 0 & \Delta X \\ 0 & 1 & 0 & \Delta Y \\ 0 & 0 & 1 & \Delta Z \\ 0 & 0 & 0 & 1 \end{bmatrix} \begin{bmatrix} X_A \\ Y_A \\ Z_A \\ 1 \end{bmatrix} \quad (2.6)$$

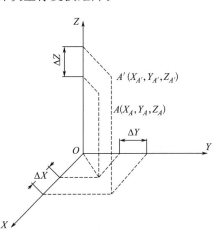

图 2.4　点的平移变换

可以简写为 $\quad A' = \mathrm{Trans}(\Delta X，\Delta Y，\Delta Z)A \quad (2.7)$

式中，$\mathrm{Trans}(\Delta X，\Delta Y，\Delta Z)$ 表示齐次变换的平移算子，且

$$\mathrm{Trans}(\Delta X，\Delta Y，\Delta Z) = \begin{bmatrix} 1 & 0 & 0 & \Delta X \\ 0 & 1 & 0 & \Delta Y \\ 0 & 0 & 1 & \Delta Z \\ 0 & 0 & 0 & 1 \end{bmatrix} \quad (2.8)$$

式中的第四列元素 ΔX、ΔY、ΔZ 分别表示点沿坐标轴 X、Y、Z 方向的移动量。

例 2.3　已知空间中一点 A 的位置矢量为 $[1 \ 0 \ 0 \ 1]^T$，将该点移动至 $[1 \ 5 \ 7 \ 1]^T$，求平移算子。

解　易求出

$$\Delta x = 0, \Delta y = 5, \Delta z = 7$$

则平移算子为 $\quad \mathrm{Trans}(\Delta X，\Delta Y，\Delta Z) = \begin{bmatrix} 1 & 0 & 0 & 0 \\ 0 & 1 & 0 & 5 \\ 0 & 0 & 1 & 7 \\ 0 & 0 & 0 & 1 \end{bmatrix}$

（2）旋转变换

空间中某一点 A，坐标为 $(X_A，Y_A，Z_A)$，当它旋转 θ 角至 A' 后，坐标为 $(X_{A'}，$

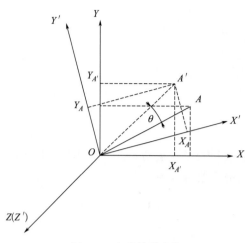

图 2.5　点的旋转变换

$Y_{A'}$，$Z_{A'}$），如图 2.5，它们的关系为

$$\begin{cases} X_{A'}=X_A\cos\theta-Y_A\sin\theta \\ Y_{A'}=X_A\sin\theta+Y_A\cos\theta \\ Z_{A'}=Z_A \end{cases} \qquad (2.9)$$

写成矩阵形式为

$$\begin{bmatrix} X_{A'} \\ Y_{A'} \\ Z_{A'} \\ 1 \end{bmatrix}=\begin{bmatrix} \cos\theta & -\sin\theta & 0 & 0 \\ \sin\theta & \cos\theta & 0 & 0 \\ 0 & 0 & 1 & 0 \\ 0 & 0 & 0 & 1 \end{bmatrix}\begin{bmatrix} X_A \\ Y_A \\ Z_A \\ 1 \end{bmatrix}$$

$$(2.10)$$

可以简写为　　$\boldsymbol{A}'=\mathrm{Rot}(Z,\theta)\boldsymbol{A}$　　(2.11)

式中，$\mathrm{Rot}(Z,\theta)$ 表示齐次变换时绕 Z 轴的

转动齐次变换矩阵，又称旋转算子，且

$$\mathrm{Rot}(Z,\theta)=\begin{bmatrix} \cos\theta & -\sin\theta & 0 & 0 \\ \sin\theta & \cos\theta & 0 & 0 \\ 0 & 0 & 1 & 0 \\ 0 & 0 & 0 & 1 \end{bmatrix} \qquad (2.12)$$

同理，绕 X 轴转动的旋转算子为

$$\mathrm{Rot}(X,\theta)=\begin{bmatrix} 1 & 0 & 0 & 0 \\ 0 & \cos\theta & -\sin\theta & 0 \\ 0 & \sin\theta & \cos\theta & 0 \\ 0 & 0 & 0 & 1 \end{bmatrix} \qquad (2.13)$$

绕 Y 轴转动的旋转算子为

$$\mathrm{Rot}(Y,\theta)=\begin{bmatrix} \cos\theta & 0 & \sin\theta & 0 \\ 0 & 1 & 0 & 0 \\ -\sin\theta & 0 & \cos\theta & 0 \\ 0 & 0 & 0 & 1 \end{bmatrix} \qquad (2.14)$$

例 2.4　已知空间中一点 A 的位置矢量为 $\begin{bmatrix} 1 & 0 & 1 & 1 \end{bmatrix}^{\mathrm{T}}$，将该点先绕 X 轴旋转 $90°$，再绕 Z 轴旋转 $60°$，求旋转后点 B 的位置矢量。

解

$$\boldsymbol{B}=\mathrm{Rot}(Z,60°)\mathrm{Rot}(X,90°)\boldsymbol{A}=\begin{bmatrix} 0.5 & -0.866 & 0 & 0 \\ 0.866 & 0.5 & 0 & 0 \\ 0 & 0 & 1 & 0 \\ 0 & 0 & 0 & 1 \end{bmatrix}\begin{bmatrix} 1 & 0 & 0 & 0 \\ 0 & 0 & -1 & 0 \\ 0 & 1 & 0 & 0 \\ 0 & 0 & 0 & 1 \end{bmatrix}\begin{bmatrix} 1 \\ 0 \\ 1 \\ 1 \end{bmatrix}$$

$$=\begin{bmatrix} 0.5 & 0 & 0.866 & 0 \\ 0.866 & 0 & -0.5 & 0 \\ 0 & 1 & 0 & 0 \\ 0 & 0 & 0 & 1 \end{bmatrix}\begin{bmatrix} 1 \\ 0 \\ 1 \\ 1 \end{bmatrix}=\begin{bmatrix} 1.366 \\ 0.366 \\ 0 \\ 1 \end{bmatrix}$$

（3）复合变换

平移变换和旋转变换可以组合在一个齐次变化中，称为复合变换。计算时，只要依据变换的先后顺序，依次左乘对应的平移或旋转算子即可。

例 2.5　已知空间中一点 A 的位置矢量为 $\begin{bmatrix} 0 & 1 & 2 & 1 \end{bmatrix}^{\mathrm{T}}$，将该点先沿 X 轴方向平移 4，再绕 Z 轴旋转 $60°$，最后再沿 Y 轴方向平移 3，求变换后点 B 的位置矢量。

解

$$
\begin{aligned}
B =& \mathrm{Trans}(0,3,0)\mathrm{Rot}(Z,60°)\mathrm{Trans}(4,0,0)A \\
=& \begin{bmatrix} 1 & 0 & 0 & 0 \\ 0 & 1 & 0 & 3 \\ 0 & 0 & 1 & 0 \\ 0 & 0 & 0 & 1 \end{bmatrix} \begin{bmatrix} 0.5 & -0.866 & 0 & 0 \\ 0.866 & 0.5 & 0 & 0 \\ 0 & 0 & 1 & 0 \\ 0 & 0 & 0 & 1 \end{bmatrix} \begin{bmatrix} 1 & 0 & 0 & 4 \\ 0 & 1 & 0 & 0 \\ 0 & 0 & 1 & 0 \\ 0 & 0 & 0 & 1 \end{bmatrix} \begin{bmatrix} 0 \\ 1 \\ 2 \\ 1 \end{bmatrix} \\
=& \begin{bmatrix} 0.5 & -0.866 & 0 & 0 \\ 0.866 & 0.5 & 0 & 3 \\ 0 & 0 & 1 & 0 \\ 0 & 0 & 0 & 1 \end{bmatrix} \begin{bmatrix} 1 & 0 & 0 & 4 \\ 0 & 1 & 0 & 0 \\ 0 & 0 & 1 & 0 \\ 0 & 0 & 0 & 1 \end{bmatrix} \begin{bmatrix} 0 \\ 1 \\ 2 \\ 1 \end{bmatrix} = \begin{bmatrix} 0.5 & -0.866 & 0 & 2 \\ 0.866 & 0.5 & 0 & 6.464 \\ 0 & 0 & 1 & 0 \\ 0 & 0 & 0 & 1 \end{bmatrix} \begin{bmatrix} 0 \\ 1 \\ 2 \\ 1 \end{bmatrix} = \begin{bmatrix} 1.134 \\ 6.964 \\ 2 \\ 1 \end{bmatrix}
\end{aligned}
$$

（4）D-H 方法

D-H（Denavit-Hartenberg）方法可分为标准 D-H 方法和改进 D-H 方法。标准 D-H 参数适用于开环运动链的建模，而改进 D-H 参数在开环、树状和闭链机器人建模中都有广泛的应用范围，并且在解决相邻连杆平行时的奇异性问题以及精度标定方面具有优势。本书只介绍改进 D-H 方法。

转动关节连杆改进 D-H 坐标系如图 2.6 所示。

其中 a_{i-1} 为沿着 X_{i-1} 轴，从 Z_{i-1} 移动到 Z_i 的距离；α_{i-1} 为绕着 X_{i-1} 轴，从 Z_{i-1}

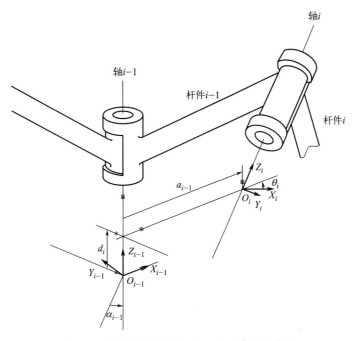

图 2.6　转动关节连杆 D-H 坐标系建立示意图

旋转到 Z_i 的角度；d_i 为沿着 Z_i 轴，从 X_{i-1} 移动到 X_i 的距离；θ_i 为绕着 Z_i 轴，从 X_{i-1} 旋转到 X_i 的角度。

对于转动关节，θ_i 为关节变量；对于移动关节，d_i 是关节变量，其他三个参数固定不变。

连杆坐标系 i 相对于坐标系 $i-1$ 变换矩阵 $_{i}^{i-1}\boldsymbol{T}$ 可通过以下四个变化来得到：

① 绕 X_{i-1} 轴旋转 α_{i-1}，使得 Z_{i-1} 和 Z_i 平行。

② 沿 X_{i-1} 轴移动 a_{i-1}，使得 Z_{i-1} 和 Z_i 重合。

③ 绕 Z_i 轴旋转 θ_i，使得 X_{i-1} 和 X_i 平行。

④ 沿 Z_i 轴移动 d_i，使得 X_{i-1} 和 X_i 重合。

齐次变换矩阵为

$$_{i}^{i-1}\boldsymbol{T}=\mathrm{Rot}(X_{i-1},\alpha_{i-1})\mathrm{Trans}(X_{i-1},a_{i-1})\mathrm{Rot}(Z_i,\theta_i)\mathrm{Trans}(Z_i,d_i)$$

$$=\begin{bmatrix} \cos\theta_i & -\sin\theta_i & 0 & a_{i-1} \\ \sin\theta_i\cos\alpha_{i-1} & \cos\theta_i\cos\alpha_{i-1} & -\sin\alpha_{i-1} & -d_i\sin\alpha_{i-1} \\ \sin\theta_i\sin\alpha_{i-1} & \cos\theta_i\sin\alpha_{i-1} & \cos\alpha_{i-1} & d_i\cos\alpha_{i-1} \\ 0 & 0 & 0 & 1 \end{bmatrix}$$

2.1.3　机器人正、逆向运动学

2.1.3.1　机器人正向运动学

如果已知机械手所有的关节变量，求解该机械手末端相对基础坐标系的位姿的过程称为正向运动学分析。换句话说，如果所有机器人关节变量都已知，利用正向运动学方程，可以计算出机械手末端在任何时刻的位置和姿态。

假设一个多连杆机器人，连杆数为 i，齐次变换矩阵 $_{1}^{0}\boldsymbol{T}$ 描述第一个连杆相对于机身的位姿，$_{2}^{1}\boldsymbol{T}$ 描述第二个连杆相对于第一个连杆的位姿，以此类推，$_{i}^{i-1}\boldsymbol{T}$ 描述第 i 个连杆相对于第 $i-1$ 个连杆的位姿，则第 i 个连杆相对于机身位姿的齐次变换矩阵为

$$_{i}^{0}\boldsymbol{T}=_{1}^{0}\boldsymbol{T}_{2}^{1}\boldsymbol{T}\cdots_{i}^{i-1}\boldsymbol{T} \tag{2.15}$$

例 2.6　图 2.7 中是一种三连杆机械臂，进行该机械臂的正向运动学分析。

解　它的 3 个齐次变换矩阵 $_{i}^{i-1}\boldsymbol{T}(i=1,2,3)$ 为

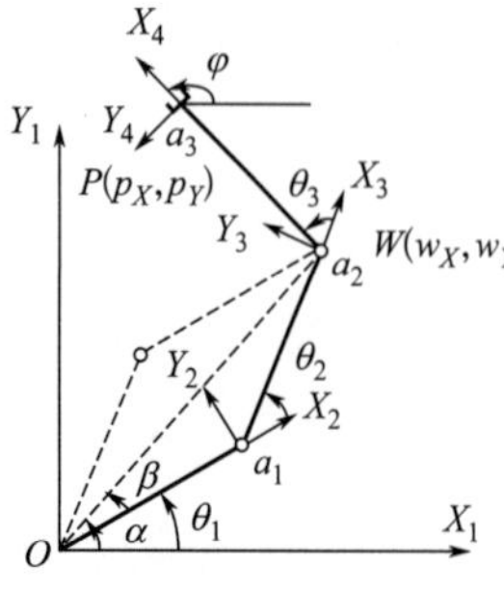

图 2.7　三连杆机械臂的运动学

$$_{i}^{i-1}\boldsymbol{T}\equiv\begin{bmatrix} \cos\theta_i & -\sin\theta_i & 0 & a_i\cos\theta_i \\ \sin\theta_i & \cos\theta_i & 0 & a_i\sin\theta_i \\ 0 & 0 & 1 & 0 \\ 0 & 0 & 0 & 1 \end{bmatrix}$$

末端执行器 P 的正向运动学的位置分析可以由下式给出：

$$_{3}^{0}\boldsymbol{T}=_{1}^{0}\boldsymbol{T}_{2}^{1}\boldsymbol{T}_{3}^{2}\boldsymbol{T}$$

式中，$_{3}^{0}\boldsymbol{T}$ 表示末端执行器关于基座的位姿。4×4 矩阵 $_{3}^{0}\boldsymbol{T}$ 可以由下列式子推导：

$$
{}_3^0\boldsymbol{T}=\begin{bmatrix}
\cos\theta_{123} & -\sin\theta_{123} & 0 & a_1\cos\theta_1+a_2\cos\theta_{12}+a_3\cos\theta_{123}\\
\sin\theta_{123} & \cos\theta_{123} & 0 & a_1\sin\theta_1+a_2\sin\theta_{12}+a_3\sin\theta_{123}\\
0 & 0 & 1 & 0\\
0 & 0 & 0 & 1
\end{bmatrix}
$$

式中，$\theta_{123}\equiv\theta_1+\theta_2+\theta_3\equiv\varphi$，其中 θ_1、θ_2、θ_3 和 φ 如图 2.7 所示。另外

$$a_1\cos\theta_1+a_2\cos\theta_{12}+a_3\cos\theta_{123}\equiv p_X$$
$$a_1\sin\theta_1+a_2\sin\theta_{12}+a_3\sin\theta_{123}\equiv p_Y$$

式中，p_X 和 p_Y 如图 2.7 所示。知道了 D-H 参数中 a_1、a_2、a_3、θ_1、θ_2、θ_3 的数值就可以非常容易计算出矩阵 ${}_3^0\boldsymbol{T}$，从而确定末端执行器上点 P 的位置以及末端执行器的方向角 φ。

2.1.3.2　机器人逆向运动学

在机器人配置已知的情况下，有时只知道末端连杆的位姿，需要以这些条件来求出中间连杆的状态。通过给定末端连杆的位姿计算相应关节变量的过程称为逆向运动分析。

运动学逆解具有以下特性。

（1）多解性

机器人的运动学逆解具有多解性，如图 2.8 所示，对于给定的位置与姿态，它具有两组解。

造成机器人运动学逆解具有多解性的原因是需要解反三角函数方程。对于一个真实的机器人，只有一组解与实际情况对应，为此必须做出判断，以选择合适的解。通常采用剔除多余解的方法：

① 根据关节运动空间来选择合适的解。

② 选择一个最接近的解。

③ 根据避障要求选择合适的解。

④ 逐级剔除多余解。

（2）可解性

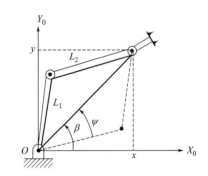

图 2.8　机器人运动学逆解多解性示意图

能否求得机器人运动学逆解的解析式是机器人的可解性问题。

所有具有转动和移动关节的机器人系统，在一个单一串联链中共有 6 个自由度（或小于 6 个自由度）时是可解的。其通解是数值解，不是解析式，是利用数值迭代原理求解得到的，其计算量比求解析式大得多。要使机器人有解析式，设计时就要使机器人的结构尽量简单，而且尽量满足有若干个相交的关节轴或许多 α_i 等于 0°或±90°的特殊条件。

通过逆向运动学的求解，可得到 12 个方程式，但不能对 12 个方程式联立求解，而是用一系列变换矩阵的逆矩阵左乘，然后找出右端为常数的元素，并令这些元素与左端元素相等，这样就得出一个可以求解的三角函数方程。

2.1.4　KUKA-KR 机械人运动学分析实例

根据 KUKA 厂家提供的特征参数，建立的 KUKA-KR 机器人坐标系，如图 2.9 所示。

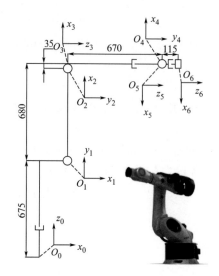

图 2.9　KUKA-KR 机器人及其连杆坐标系

KUKA-KR 机器人的 D-H 参数，如表 2.1 所示。

表 2.1　KUKA-KR 机器人的 D-H 参数

i	$\alpha_{i-1}/(\degree)$	a_{i-1}/mm	$\theta_i/(\degree)$	d_i/mm	θ_i 范围/$(\degree)$
1	0	0	0	0	$-180\sim180$
2	-90	150	-90	0	$-110\sim115$
3	180	730	0	0	$-80\sim210$
4	-90	140	180	-765	$-190\sim190$
5	-90	0	90	0	$-50\sim230$
6	-90	0	0	-105	$-360\sim360$

注：1. a_{i-1} 为连杆长度，表示在 x_{i-1} 轴方向上，z_{i-1} 轴到 z_i 轴的距离，$a_{i-1} \geqslant 0$。

2. α_{i-1} 为关节轴线转角，表示从 z_{i-1} 轴到 z_i 轴绕着 x_{i-1} 轴旋转的角度。

3. d_i 为连杆偏移，表示在 z_i 轴方向上，x_{i-1} 轴到 x_i 轴的距离。

4. θ_i 为关节转角，表示从 x_{i-1} 轴到 x_i 轴绕着 z_i 轴旋转的角度。

采用改进 D-H 方法，将各连杆间的齐次变换矩阵 $_1^0\boldsymbol{T} \sim {}_6^5\boldsymbol{T}$ 相乘，可得

$$_6^0\boldsymbol{T} = {}_1^0\boldsymbol{T}\,{}_2^1\boldsymbol{T}\,{}_3^2\boldsymbol{T}\,{}_4^3\boldsymbol{T}\,{}_5^4\boldsymbol{T}\,{}_6^5\boldsymbol{T} = \begin{bmatrix} n_x & o_x & a_x & p_x \\ n_y & o_y & a_y & p_y \\ n_z & o_z & a_z & p_z \\ 0 & 0 & 0 & 1 \end{bmatrix} \tag{2.16}$$

此时，机器人末端操作手的位姿可由式(2.16)求得，具体公式如下：

$$\begin{cases} x = p_x \\ y = p_y \\ z = p_z \\ Rx = \arctan2(o_z, a_z) \\ Ry = \arctan2\left(-n_z, \sqrt{n_x^2 + n_y^2}\right) \\ Rz = \arctan2(n_x, n_y) \end{cases} \tag{2.17}$$

式中，x、y、z 描述的是机器人末端操作手的位置信息；Rx、Ry、Rz 描述的是机器人末端操作手的姿态信息。

在 KUKA-KR 工业机器人控制系统中，用 POS$=\begin{bmatrix} x & y & z & Rx & Ry & Rz \end{bmatrix}$ 描述机器人末端操作手的位姿。由连杆坐标变换关系，得出旋转变换矩阵

$$\boldsymbol{R}_{xyz}(Rx,Ry,Rz) = \boldsymbol{R}(z,Rz)\boldsymbol{R}(y,Ry)\boldsymbol{R}(x,Rx)$$

$$= \begin{bmatrix} cRz & -sRz & 0 \\ sRz & cRz & 0 \\ 0 & 0 & 1 \end{bmatrix} \begin{bmatrix} cRy & 0 & sRy \\ 0 & 1 & 0 \\ -sRy & 0 & cRy \end{bmatrix} \begin{bmatrix} 1 & 0 & 0 \\ 0 & cRx & -sRx \\ 0 & sRx & cRx \end{bmatrix}$$

$$= \begin{bmatrix} cRz\,cRy & cRz\,sRy\,sRx - sRz\,cRx & cRz\,sRy\,cRx + sRz\,sRx \\ sRz\,sRy & sRz\,sRy\,sRx + cRz\,cRx & sRz\,sRy\,cRx - cRz\,sRx \\ -sRy & cRy\,sRx & cRy\,cRx \end{bmatrix}$$

其中，$sRx = \sin Rx$，$cRx = \cos Rx$。

经过式（2.16）处理后得到如下结果：

$$\,_{2}^{1}\boldsymbol{T}^{-1}\,_{1}^{0}\boldsymbol{T}^{-1}\,_{6}^{0}\boldsymbol{T}\,_{6}^{5}\boldsymbol{T}^{-1} = \,_{3}^{2}\boldsymbol{T}\,_{4}^{3}\boldsymbol{T}\,_{5}^{4}\boldsymbol{T}$$

令 $\text{TL} = \,_{2}^{1}\boldsymbol{T}^{-1}\,_{1}^{0}\boldsymbol{T}^{-1}\,_{6}^{0}\boldsymbol{T}\,_{6}^{5}\boldsymbol{T}^{-1}$，$\text{TR} = \,_{3}^{2}\boldsymbol{T}\,_{4}^{3}\boldsymbol{T}\,_{5}^{4}\boldsymbol{T}$

① 解出 θ_1。令 TL、TR 矩阵的（3，4）元素相等，列出等价方程并化简得

$$p_y \cos\theta_1 - d_6(a_y \cos\theta_1 - a_x \sin\theta_1) - p_x \sin\theta_1 = 0$$

解方程得

$$\theta_1 = \arctan2(d_6 a_y - p_y, d_6 a_x - p_x)，或 \theta_1 = \arctan2[-(d_6 a_y - p_y), (-d_6 a_x - p_x)]$$

② 解出 θ_2、θ_3。令 TL、TR 矩阵的（1，4）、（2,4）元素相等，可推导出：

$$\begin{cases} m\sin\theta_2 + n\cos\theta_2 = a_2 + a_3\cos\theta_3 - d_4\sin\theta_3 \\ -n\sin\theta_2 + m\cos\theta_2 = a_3\sin\theta_3 - d_4\cos\theta_3 \end{cases}$$

式中，$m = p_y \sin\theta_1 + p_x \cos\theta_1 - d_6 a_x \cos\theta_1 - d_6 a_y \sin\theta_1 - a_1$，$n = p_z - d_6 a_z$，令 $\phi = \arctan2(a_3, d_4)$。得

$$\theta_3 = \phi - \arctan2\left[\frac{m^2 + n^2 - (a_2^2 + a_3^2 + d_4^2)}{2a_2\sqrt{a_3^2 + d_4^2}}, \pm\sqrt{1 - \left(\frac{m^2 + n^2 - (a_2^2 + a_3^2 + d_4^2)}{2a_2\sqrt{a_3^2 + d_4^2}}\right)^2}\right]$$

令 $\sigma = \arctan2(m,n)$，$r = a_2 + a_3\cos\theta_3 - d_4\sin\theta_3$，$t = -d_4\cos\theta_3 - a_3\sin\theta_3$，得到

$$\theta_2 = \arctan2(m - tn, tn + tm)$$

③ 解出 θ_5、θ_6。再次经过式（2.16）变换得到

$$\,_{3}^{2}\boldsymbol{T}^{-1}\,_{2}^{1}\boldsymbol{T}^{-1}\,_{1}^{0}\boldsymbol{T}^{-1}\,_{6}^{0}\boldsymbol{T} = \,_{4}^{3}\boldsymbol{T}\,_{5}^{4}\boldsymbol{T}\,_{6}^{5}\boldsymbol{T}$$

令 $\text{TL1} = \,_{3}^{2}\boldsymbol{T}^{-1}\,_{2}^{1}\boldsymbol{T}^{-1}\,_{1}^{0}\boldsymbol{T}^{-1}\,_{6}^{0}\boldsymbol{T}$，$\text{TR1} = \,_{4}^{3}\boldsymbol{T}\,_{5}^{4}\boldsymbol{T}\,_{6}^{5}\boldsymbol{T}$。令 TL1、TR1 矩阵的（2,3）元素相等，列出等价方程：

$$-a(c_2 s_3 - c_3 s_2) - (a_x c_1 + a_y s_1)(c_2 c_3 + s_2 s_3) = -\cos(\theta_5 - \pi/2)$$

式中，$s_i = \sin\theta_i$，$c_i = \cos\theta_i$，同理对所有转角进行相同处理。

令 $u = a_z(c_2 s_3 - c_3 s_2) + (a_x c_1 + a_y s_1)(c_2 c_3 + s_2 s_3)$，经过上式运算得

$$\theta_5 = \arctan2(\sin\theta_5, \cos\theta_5) = \arctan2(u, \pm\sqrt{1 - u^2})$$

令 TL1、TR1 矩阵的（2,1）、（2,2）元素相等，列出等价方程：

$$\begin{cases} -n_z(c_2 s_3 - c_3 s_2) - (n_x c_1 + n_y s_1)(c_2 c_3 + s_2 s_3) = \cos\theta_6 \sin(\theta_5 - \pi/2) \\ -o_z(c_2 s_3 - c_3 s_2) - (o_x c_1 + o_y s_1)(c_2 c_3 + s_2 s_3) = -\sin\theta_6 \sin(\theta_5 - \pi/2) \end{cases}$$

解得

$$\cos\theta_6 = \frac{n_z(c_2 s_3 - c_3 s_2) - (n_x c_1 + n_y s_1)(c_2 s_3 + s_2 s_3)}{\cos\theta_5}$$

$$\sin\theta_6 = -\frac{o_z(c_2 s_3 - c_3 s_2) - (o_x c_1 + o_y s_1)(c_2 c_3 + s_2 s_3)}{\sin\theta_5}$$

$$\theta_6 = \arctan 2(\sin\theta_6, \cos\theta_6)$$

④ 解出 θ_4。令 TL1、TR1 矩阵的 (1,3)、(3,3) 元素分别相等，列出等价方程：

$$\begin{cases} (a_x\cos\theta_1 + a_y\sin\theta_1)\sin(\theta_2 - \theta_3) + a_z\cos(\theta_2 - \theta_3) = \cos\theta_4\cos\theta_5 \\ a_x\sin\theta_1 - a_y\cos\theta_1 = \sin\theta_4\sin(\theta_5 - \pi/2) \end{cases}$$

令 $v = (a_x\cos\theta_1 + a_y\sin\theta_1)\sin(\theta_2 - \theta_3) + a_z\cos(\theta_2 - \theta_3)$，$w = a_x\sin\theta_1 - a_y\cos\theta_1$，则可求得

$$\theta_4 = \arctan 2(w, v)$$

至此，完成了对机器人逆向运动学问题的求解。

2.2   机器人动力学

机器人是一个复杂的动力学系统，机器人系统在外载荷和关节驱动力矩（驱动力）的作用下取得静力平衡，在关节驱动力矩（驱动力）的作用下发生运动变化。机器人的动态性能不仅与运动学因素有关，还与机器人的结构形式、质量分布、执行机构的位置、传动装置等对动力学产生重要影响的因素有关。机器人动力学主要研究机器人运动和受力之间的关系，目的是对机器人进行控制、优化设计和仿真。

机器人是一个非线性的复杂动力学系统。动力学问题的求解比较困难，而且需要较长的运算时间，因此简化解的过程，最大限度地减少工业机器人动力学在线计算的时间是一个受到关注的研究课题。机器人动力学问题有两类：

① 给出已知轨迹点上的 θ、$\dot\theta$ 及 $\ddot\theta$，即机器人关节位置、速度和加速度，求相应的关节力矩矢量 τ。这对实现机器人动态控制是相当有用的。

② 已知关节驱动力矩，求机器人系统相应各瞬时的运动。也就是说，给出关节力矩矢量 τ，求机器人所产生的运动 θ、$\dot\theta$ 及 $\ddot\theta$。这对模拟机器人的运动是非常有用的。

2.2.1   机器人雅可比

机器人雅可比矩阵简称机器人雅可比，揭示了操作空间与关节空间的映射关系。机器人雅可比又分为速度雅可比和力雅可比，分别表示操作空间与关节空间的速度映射关系与力的传递关系，为确定机器人的静态关节力矩以及不同坐标系间速度、加速度和静力的变换提供了便捷的方法。

在机器人学中，速度雅可比是一个把关节速度矢量 $\dot{\boldsymbol{q}}$ 变换为手爪相对基坐标的广义速度矢量 $\boldsymbol{v}$ 的变换矩阵。

一个 2 自由度平面关节型机器人，其简图如图 2.10 所示，其端点位置 X、Y 和关节 θ_1、θ_2 关系为

$$\begin{cases} X = l_1 c\theta_1 + l_2 c_{12} \\ Y = l_1 s\theta_1 + l_2 s_{12} \end{cases} \tag{2.18}$$

即
$$\begin{cases} X = X(\theta_1, \theta_2) \\ Y = Y(\theta_1, \theta_2) \end{cases} \quad (2.19)$$

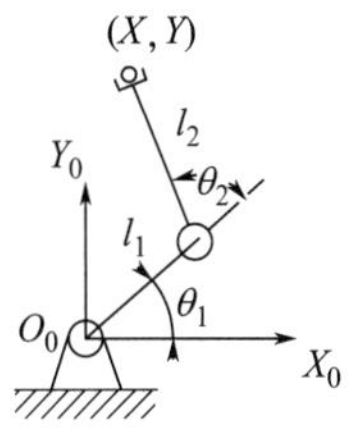

图 2.10　2 自由度平面
关节型机器人简图

求微分得
$$\begin{cases} \mathrm{d}X = \dfrac{\partial X}{\partial \theta_1}\mathrm{d}\theta_1 + \dfrac{\partial X}{\partial \theta_2}\mathrm{d}\theta_2 \\[2mm] \mathrm{d}Y = \dfrac{\partial Y}{\partial \theta_1}\mathrm{d}\theta_1 + \dfrac{\partial Y}{\partial \theta_2}\mathrm{d}\theta_2 \end{cases}$$

将其变成矩阵形式为
$$\begin{bmatrix} \mathrm{d}X \\ \mathrm{d}Y \end{bmatrix} = \begin{bmatrix} \dfrac{\partial X}{\partial \theta_1} & \dfrac{\partial X}{\partial \theta_2} \\[2mm] \dfrac{\partial Y}{\partial \theta_1} & \dfrac{\partial Y}{\partial \theta_2} \end{bmatrix} \begin{bmatrix} \mathrm{d}\theta_1 \\ \mathrm{d}\theta_2 \end{bmatrix} \quad (2.20)$$

令
$$\boldsymbol{J} = \begin{bmatrix} \dfrac{\partial X}{\partial \theta_1} & \dfrac{\partial X}{\partial \theta_2} \\[2mm] \dfrac{\partial Y}{\partial \theta_1} & \dfrac{\partial Y}{\partial \theta_2} \end{bmatrix} \quad (2.21)$$

于是有
$$\mathrm{d}\boldsymbol{X} = \boldsymbol{J}\,\mathrm{d}\boldsymbol{\theta} \quad (2.22)$$

其中
$$\mathrm{d}\boldsymbol{X} = \begin{bmatrix} \mathrm{d}X \\ \mathrm{d}Y \end{bmatrix}, \mathrm{d}\boldsymbol{\theta} = \begin{bmatrix} \mathrm{d}\theta_1 \\ \mathrm{d}\theta_2 \end{bmatrix}$$

$\boldsymbol{J}$ 称为速度雅可比，反映了空间关节的微小运动 $\mathrm{d}\boldsymbol{\theta}$ 与手部作业空间微小位移 $\mathrm{d}\boldsymbol{X}$ 的关系。若对式(2.21) 进行运算，则机器人的雅可比可写为

$$\boldsymbol{J} = \begin{bmatrix} -l_1 \mathrm{s}\theta_1 - l_2 \mathrm{s}_{12} & -l_2 \mathrm{s}_{12} \\ l_1 \mathrm{c}\theta_1 + l_2 \mathrm{c}_{12} & l_2 \mathrm{c}_{12} \end{bmatrix} \quad (2.23)$$

从 $\boldsymbol{J}$ 中元素的组成可见，矩阵 $\boldsymbol{J}$ 的值是关于 θ_1 及 θ_2 的函数。

推而广之，对于 n 自由度机器人，关节变量可用广义关节变量 $\boldsymbol{q}$ 表示，$\boldsymbol{q} = [q_1 \; q_2 \; \cdots \; q_n]^{\mathrm{T}}$。当关节为转动关节时，$q_i = \theta_i$，当关节为移动关节时，$q_i = d_i$，$\mathrm{d}\boldsymbol{q} = [\mathrm{d}q_1 \; \mathrm{d}q_2 \; \cdots \; \mathrm{d}q_n]^{\mathrm{T}}$，反映了关节空间的微小运动。机器人末端在操作空间的位置和方位可用末端手爪的位姿 $\boldsymbol{X}$ 表示，它是关节变量的函数，$\boldsymbol{X} = \boldsymbol{X}(\boldsymbol{q})$，并且是一个 6 维列矢量。

$\mathrm{d}\boldsymbol{X} = [\mathrm{d}X \; \mathrm{d}Y \; \mathrm{d}Z \; \Delta\varphi_X \; \Delta\varphi_Y \; \Delta\varphi_Z]^{\mathrm{T}}$ 反映了操作空间的微小运动，它由机器人末端微小线位移和微小角位移（微小转动）组成。因此，式(2.22) 可写为

$$\mathrm{d}\boldsymbol{X} = \boldsymbol{J}(\boldsymbol{q})\mathrm{d}\boldsymbol{q} \quad (2.24)$$

式中，$\boldsymbol{J}(\boldsymbol{q})$ 是 $6 \times n$ 偏导数矩阵，称为 n 自由度机器人速度雅可比，可表示为

$$\boldsymbol{J}(\boldsymbol{q}) = \frac{\partial \boldsymbol{X}}{\partial \boldsymbol{q}^{\mathrm{T}}} \begin{bmatrix} \dfrac{\partial X}{\partial q_1} & \dfrac{\partial X}{\partial q_2} & \cdots & \dfrac{\partial X}{\partial q_n} \\[2mm] \dfrac{\partial Y}{\partial q_1} & \dfrac{\partial Y}{\partial q_2} & \cdots & \dfrac{\partial Y}{\partial q_n} \\[2mm] \dfrac{\partial Z}{\partial q_1} & \dfrac{\partial Z}{\partial q_2} & \cdots & \dfrac{\partial Z}{\partial q_n} \\[2mm] \dfrac{\partial \varphi_X}{\partial q_1} & \dfrac{\partial \varphi_X}{\partial q_2} & \cdots & \dfrac{\partial \varphi_X}{\partial q_n} \\[2mm] \dfrac{\partial \varphi_Y}{\partial q_1} & \dfrac{\partial \varphi_Y}{\partial q_2} & \cdots & \dfrac{\partial \varphi_Y}{\partial q_n} \\[2mm] \dfrac{\partial \varphi_Z}{\partial q_1} & \dfrac{\partial \varphi_Z}{\partial q_2} & \cdots & \dfrac{\partial \varphi_Z}{\partial q_n} \end{bmatrix} \quad (2.25)$$

将式(2.24)两端对时间求导，可得机器人速度雅可比，即

$$\frac{\mathrm{d}\boldsymbol{X}}{\mathrm{d}t}=\boldsymbol{J}(\boldsymbol{q})\frac{\mathrm{d}\boldsymbol{q}}{\mathrm{d}t} \tag{2.26}$$

或表示为

$$\boldsymbol{v}=\dot{\boldsymbol{X}}=\boldsymbol{J}(\boldsymbol{q})\dot{\boldsymbol{q}} \tag{2.27}$$

式中，$\boldsymbol{v}$ 为机器人末端在操作空间中的广义速度；$\dot{\boldsymbol{q}}$ 为机器人关节在关节空间中的关节速度；$\boldsymbol{J}(\boldsymbol{q})$ 为确定关节空间速度 $\dot{\boldsymbol{q}}$ 与操作空间速度 $\boldsymbol{v}$ 之间关系的雅可比矩阵。

对于图 2.10 所示机器人而言，$\boldsymbol{J}(\boldsymbol{q})$ 是式(2.23)所示的 2×2 矩阵。若令 $\boldsymbol{J}_1$、$\boldsymbol{J}_2$ 分别为式(2.21)所示雅可比的第 1 列矢量和第 2 列矢量，则式(2.27)可写为

$$\boldsymbol{v}=\boldsymbol{J}_1\dot{\theta}_1+\boldsymbol{J}_2\dot{\theta}_2$$

式中，右边第一项表示仅由第一个关节运动引起的端点速度；右边第二项表示仅由第二个关节运动引起的端点速度；总的端点速度为这两个速度矢量的合成。因此，机器人速度雅可比的每一列表示其他关节不动而某一关节运动产生的端点速度。

如果给定机器人手部速度，则可通过式(2.27)解出相应的关节速度为

$$\dot{\boldsymbol{q}}=\boldsymbol{J}^{-1}\boldsymbol{v} \tag{2.28}$$

式(2.28)具有重要的物理意义，如希望机器人手部在操作空间按规定的速度进行作业，那么用式(2.28)可以计算出路径上每一瞬时相应的关节速度。但是，一般来说，求逆速度雅可比 $\boldsymbol{J}^{-1}$ 是比较困难的，有时还会出现奇异解（逆矩阵不存在），就无法算出关节速度。

通常，机器人逆雅可比矩阵 $\boldsymbol{J}^{-1}$ 出现奇异解有以下两种情况：

① 工作域边界上发生奇异。当机器人的手臂完全伸展开或全部折回，使手部处于机器人工作域的边界上或边界附近时，由于雅可比矩阵奇异，无法求解逆速度雅可比矩阵。此时，机器人相应的形位称作奇异形位。

② 工作域内部发生奇异。当机器人由两个以上关节构成，奇异并不一定发生在工作域边界上，也可能是由两个或多个关节轴线重合所引起的，此时便发生了工作域的内部奇异。

当机器人处于奇异形位时，机器人会丧失一个或更多的自由度，即产生退化现象。这意味着在操作空间某个方向（或子域）上，不管机器人关节速度如何选择，手部也不可能实现相应运动。

例 2.7　如图 2.11 所示的 2 自由度机械手，手部沿固定坐标系 X_0 轴正向以 1.0m/s 的速度移动，杆长 $l_1=l_2=0.5$m。设在某瞬时 $\theta_1=60°$，$\theta_2=-90°$，求相应瞬时的关节速度。

解　由式(2.23)可知，2 自由度机械手速度雅可比为

$$\boldsymbol{J}=\begin{bmatrix} -l_1\mathrm{s}\theta_1-l_2\mathrm{s}_{12} & -l_2\mathrm{s}_{12} \\ l_1\mathrm{c}\theta_1+l_2\mathrm{c}_{12} & l_2\mathrm{c}_{12} \end{bmatrix}$$

因此，逆雅可比为

$$\boldsymbol{J}^{-1}=\frac{1}{l_1l_2\mathrm{s}\theta_2}\begin{bmatrix} l_2\mathrm{c}_{12} & l_2\mathrm{s}_{12} \\ -l_1\mathrm{c}\theta_1-l_2\mathrm{c}_{12} & -l_1\mathrm{s}\theta_1-l_2\mathrm{s}_{12} \end{bmatrix} \tag{2.29}$$

由式(2.28)可知，$\dot{\boldsymbol{\theta}}=\boldsymbol{J}^{-1}\boldsymbol{v}$ 且 $\boldsymbol{v}=\begin{bmatrix}1 & 0\end{bmatrix}^{\mathrm{T}}$，即 $v_X=1$m/s，$v_Y=0$m/s，因此

$$\begin{bmatrix} \dot{\theta}_1 \\ \dot{\theta}_2 \end{bmatrix}=\frac{1}{l_1l_2\mathrm{s}\theta_2}\begin{bmatrix} l_2\mathrm{c}_{12} & l_2\mathrm{s}_{12} \\ -l_1\mathrm{c}\theta_1-l_2\mathrm{c}_{12} & -l_1\mathrm{s}\theta_1-l_2\mathrm{s}_{12} \end{bmatrix}\begin{bmatrix} 1 \\ 0 \end{bmatrix}$$

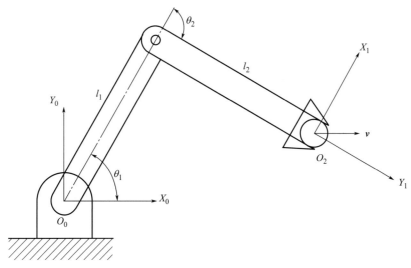

图 2.11　2 自由度机械手手部沿 X_0 方向运动示意图

$$\dot{\theta}_1 = \frac{c_{12}}{l_1 s\theta_2} = -\frac{0.866}{0.5} = -1.732(\text{rad/s})$$

$$\dot{\theta}_2 = \frac{c\theta_1}{l_2 s\theta_2} - \frac{c_{12}}{l_1 s\theta_2} = 0.732(\text{rad/s})$$

因此，在两关节的位置分别为 $\theta_1 = 60°$，$\theta_2 = -90°$ 的瞬时，关节速度分别为 $\dot{\theta}_1 = -1.732\text{rad/s}$，$\dot{\theta}_2 = 0.732\text{rad/s}$，手部瞬时速度为 1m/s。

2.2.2　机器人静力分析

机器人在工作状态下会与环境产生相互作用的力和力矩。机器人各关节的驱动装置提供关节力和力矩，通过连杆传递到末端执行器，克服外界作用力和力矩。关节驱动力和力矩与末端执行器施加的力和力矩之间的关系是机器人操作臂力控制的基础。

（1）操作臂的力和力矩平衡

如图 2.12 所示，杆 i 通过关节 i 和 $i+1$ 分别与杆 $i-1$ 和 $i+1$ 相连接，建立两个坐标系 $\{i-1\}$ 和 $\{i\}$。

定义如下变量：

$f_{i-1,i}$ 及 $n_{i-1,i}$ 表示 $i-1$ 杆通过关节 i 作用在 i 杆上的力和力矩；

$f_{i,i+1}$ 及 $n_{i,i+1}$ 表示 i 杆通过关节 $i+1$ 作用在 $i+1$ 杆上的力和力矩；

$-f_{i,i+1}$ 及 $-n_{i,i+1}$ 表示 i 杆通过关节 $i+1$ 受到 $i+1$ 杆上的反作用力和反作用力矩；

$f_{n,n+1}$ 及 $n_{n,n+1}$ 表示机器人最末杆对外界环境的作用力和力矩；

$-f_{n,n+1}$ 及 $-n_{n,n+1}$ 表示外界环境对机器人最末杆的作用力和力矩；

$f_{0,1}$ 及 $n_{0,1}$ 表示机器人机座对杆 1 的作用力和力矩；

$m_i \boldsymbol{g}$ 表示连杆 i 的重量，作用在质心 C_i 上。

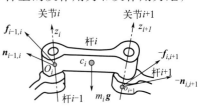

图 2.12　杆 i 上的力和力矩

连杆的静力平衡条件为其所受的合力和合力矩为零，因此力和力矩平衡方程式为

$$\boldsymbol{f}_{i-1,i}+(-\boldsymbol{f}_{i,i+1})+m_i\boldsymbol{g}=0 \tag{2.30}$$

$$\boldsymbol{n}_{i-1,i}+(-\boldsymbol{n}_{i,i+1})+(\boldsymbol{r}_{i-1,i}+\boldsymbol{r}_{i,C_i})\times\boldsymbol{f}_{i-1,i}+\boldsymbol{r}_{i,C_i}\times(-\boldsymbol{f}_{i,i+1})=0 \tag{2.31}$$

式中　$\boldsymbol{r}_{i-1,i}$——坐标系 $\{i\}$ 的原点相对于坐标系 $\{i-1\}$ 的位置矢量；

$\boldsymbol{r}_{i,C_i}$——质心 C_i 相对于坐标系 $\{i\}$ 的位置矢量。

假如已知外界环境对机器人末杆的作用力和力矩，那么可以由最后一个连杆向零连杆（机座）依次递推，从而计算出每个连杆上的受力情况。

（2）机器人静力计算

机器人操作臂静力计算可分为两类问题：

① 已知外界环境对机器人手部的作用力，求相应的满足静力平衡条件的关节驱动力矩。

② 已知关节驱动力矩，确定机器人手部对外界环境的作用力或负载的质量。

进行静力计算，需要推导手部端点力和关节驱动力矩的关系。

为了便于表示机器人手部端点的力和力矩（简称为端点广义力 $\boldsymbol{F}$），可将 $\boldsymbol{f}_{n,n+1}$ 和 $\boldsymbol{n}_{n,n+1}$ 合并写成一个 6 维矢量：

$$\boldsymbol{F}=\begin{bmatrix}\boldsymbol{f}_{n,n+1}\\\boldsymbol{n}_{n,n+1}\end{bmatrix} \tag{2.32}$$

各关节驱动器的驱动力或力矩可写成一个 n 维矢量的形式，即

$$\boldsymbol{\tau}=\begin{bmatrix}\tau_1\\\tau_2\\\vdots\\\tau_n\end{bmatrix} \tag{2.33}$$

式中，n 为关节的个数；$\boldsymbol{\tau}$ 为关节力矩（或关节力）矢量，简称广义关节力矩。对于转动关节，τ_i 表示关节驱动力矩；对于移动关节，τ_i 表示关节驱动力。

假定关节无摩擦，并忽略各杆件的重力，现利用虚功原理推导机器人手部端点力 $\boldsymbol{F}$ 与关节力矩 $\boldsymbol{\tau}$ 的关系。

如图 2.13 所示，关节虚位移为 δq_i，末端执行器的虚位移为 $\delta\boldsymbol{X}$，则

$$\begin{cases}\delta\boldsymbol{q}=\begin{bmatrix}\delta q_1 & \delta q_2 & \cdots & \delta q_n\end{bmatrix}^{\mathrm{T}}\\\delta\boldsymbol{X}=\begin{bmatrix}\boldsymbol{d} & \boldsymbol{\delta}\end{bmatrix}\end{cases} \tag{2.34}$$

式中，$\boldsymbol{d}=\begin{bmatrix}d_X & d_Y & d_Z\end{bmatrix}^{\mathrm{T}}$、$\boldsymbol{\delta}=\begin{bmatrix}\delta\varphi_X & \delta\varphi_Y & \delta\varphi_Z\end{bmatrix}^{\mathrm{T}}$，分别对应于末端执行器的线虚位移和角虚位移；$\delta\boldsymbol{q}$ 为由各关节虚位移 δq_i 组成的机器人关节虚位移矢量。

假设发生上述虚位移时，各关节力矩为 $\tau_i(i=1,2,\cdots,n)$，环境作用在机器人手部端点上的力和力矩分别为 $-\boldsymbol{f}_{n,n+1}$ 及 $-\boldsymbol{n}_{n,n+1}$。由上述力和力矩所做的虚功可以求出：

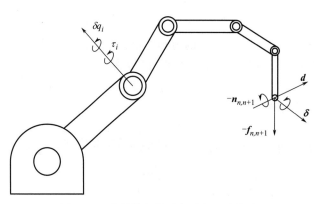

图 2.13　末端执行器及各关节的虚位移

$$\delta W = \tau_1 \delta q_1 + \tau_2 \delta q_2 + \cdots + \tau_n \delta q_n - f_{n,n+1} d - n_{n,n+1} \boldsymbol{\delta}$$

或写成

$$\delta W = \boldsymbol{\tau}^{\mathrm{T}} \delta \boldsymbol{q} - \boldsymbol{F}^{\mathrm{T}} \delta \boldsymbol{X} \tag{2.35}$$

根据虚位移原理，机器人处于平衡状态的充分必要条件是对任意符合几何约束的虚位移有 $\delta W = 0$，又因为虚位移 $\delta \boldsymbol{q}$ 和 $\delta \boldsymbol{X}$ 之间符合杆件的几何约束条件，因此利用式 $\delta \boldsymbol{X} = \boldsymbol{J} \delta \boldsymbol{q}$，将式（2.35）写成

$$\delta W = \boldsymbol{\tau}^{\mathrm{T}} \delta \boldsymbol{q} - \boldsymbol{F}^{\mathrm{T}} \boldsymbol{J} \delta \boldsymbol{q} = (\boldsymbol{\tau} - \boldsymbol{J}^{\mathrm{T}} \boldsymbol{F})^{\mathrm{T}} \delta \boldsymbol{q} \tag{2.36}$$

式中，$\delta \boldsymbol{q}$ 表示从几何结构上允许位移的关节独立变量。对任意的 $\delta \boldsymbol{q}$，欲使 $\delta W = 0$ 成立，必有

$$\boldsymbol{\tau} = \boldsymbol{J}^{\mathrm{T}} \boldsymbol{F} \tag{2.37}$$

式（2.37）表示了在静态平衡状态下，手部端点力 $\boldsymbol{F}$ 和广义关节力矩 $\boldsymbol{\tau}$ 之间的线性映射关系。式（2.37）中 $\boldsymbol{J}^{\mathrm{T}}$ 与手部端点力 $\boldsymbol{F}$ 和广义关节力矩 $\boldsymbol{\tau}$ 之间的力传递有关，称为机器人力雅可比。机器人力雅可比 $\boldsymbol{J}^{\mathrm{T}}$ 是速度雅可比 $\boldsymbol{J}$ 的转置矩阵。

显然，上述第二类问题是第一类问题的逆解。逆解的关系式为

$$\boldsymbol{F} = (\boldsymbol{J}^{\mathrm{T}})^{-1} \boldsymbol{\tau}$$

机器人的自由度不是 6 时，例如 $n > 6$，力雅可比矩阵就不是方阵，则 $\boldsymbol{J}^{\mathrm{T}}$ 就没有逆解。所以，对第二类问题的求解就困难得多，一般情况不一定能得到唯一的解。如果 $\boldsymbol{F}$ 的维数比 $\boldsymbol{\tau}$ 的维数低且 $\boldsymbol{J}$ 满秩，则可利用最小二乘法求得 $\boldsymbol{F}$ 的估计值。

2.2.3 机器人动力学方程

机器人动力学的研究有牛顿-欧拉法、拉格朗日法、高斯法、凯恩法以及罗伯逊-魏登堡法等。其中，牛顿-欧拉法和拉格朗日法较常用。

2.2.3.1 欧拉方程

欧拉方程又称为牛顿-欧拉方程，应用欧拉方程建立机器人机构的动力学方程是指研究构件质心的运动使用牛顿方程，研究相对于构件质心的转动使用欧拉方程。欧拉方程表征了力、力矩、惯性张量和加速度之间的关系。

对于质量为 m、质心在 C 点的刚体，作用在其质心的力 $\boldsymbol{F}$ 的大小与质心加速度 $\boldsymbol{a}_C$ 的关系为

$$\boldsymbol{F} = m \boldsymbol{a}_C \tag{2.38}$$

式中，$\boldsymbol{F}$、$\boldsymbol{a}_C$ 为三维矢量。式（2.38）称为牛顿方程。

欲使刚体得到角速度为 $\boldsymbol{\omega}$、角加速度为 $\boldsymbol{\varepsilon}$ 的转动，则作用在刚体上的力矩 $\boldsymbol{M}$ 为

$$\boldsymbol{M} = {}^C \boldsymbol{I} \boldsymbol{\varepsilon} + \boldsymbol{\omega} \times {}^C \boldsymbol{I} \boldsymbol{\varepsilon} \tag{2.39}$$

式中，$\boldsymbol{M}$、$\boldsymbol{\varepsilon}$、$\boldsymbol{\omega}$ 均为三维矢量；${}^C \boldsymbol{I}$ 为刚体相对于原点通过质心 C 并与刚体固接的刚体坐标系的惯性张量。式（2.39）即为欧拉方程。

在三维空间运动的任一刚体，其惯性张量 ${}^C \boldsymbol{I}$ 可用质量惯性矩 I_{XX}、I_{YY}、I_{ZZ} 和惯性积 I_{XY}、I_{YZ}、I_{ZX} 为元素的 3×3 矩阵或 4×4 齐次坐标矩阵来表示。通常将描述惯性张量的参考坐标系固定在刚体上，以方便刚体运动的分析。这种坐标系称为刚体坐标系，简称体坐标系。

例 2.8　求 2 自由度平面机械手动力学方程（牛顿-欧拉法）。

2 自由度平面机械手及其自由体受力情况如图 2.14 所示。驱动器的转矩平行于 Z 轴，由 Q_0 和 Q_1 表示。

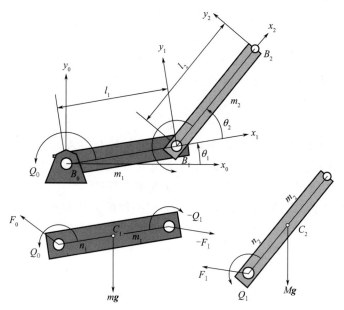

图 2.14　2 自由度平面机械手

解　第 1 根连杆的运动牛顿-欧拉方程为

$$^0\boldsymbol{F}_0 - {}^0\boldsymbol{F}_1 + m\boldsymbol{g} = m\,{}^0\boldsymbol{a}_1$$

$$^0\boldsymbol{Q}_0 - {}^0\boldsymbol{Q}_1 + {}^0n_1 \times {}^0\boldsymbol{F}_0 - {}^0m_1 \times {}^0\boldsymbol{F}_1 = {}^0\boldsymbol{I}_{10}\boldsymbol{a}_1$$

第 2 根连杆的运动方程为

$$^0\boldsymbol{F}_1 + M\boldsymbol{g} = M\,{}^0\boldsymbol{a}_2$$

$$^0\boldsymbol{Q}_1 + {}^0n_2 \times {}^0\boldsymbol{F}_1 = {}^0\boldsymbol{I}_{20}\boldsymbol{a}_2$$

对于 4 个未知变量 $\boldsymbol{F}_0$、$\boldsymbol{F}_1$、$\boldsymbol{Q}_0$ 和 $\boldsymbol{Q}_1$，有 4 个方程。这些方程可以用矩阵的形式表示

$$\boldsymbol{Ax} = \boldsymbol{b}$$

式中

$$\boldsymbol{A} = \begin{pmatrix} 1 & 0 & -1 & 0 & 0 \\ 0 & 1 & 0 & -1 & 0 \\ n_{1y} & -n_{1x} & 1 & -m_{1y} & m_{1x} & -1 \\ 0 & 0 & 0 & 1 & 0 & 0 \\ 0 & 0 & 0 & 0 & 1 & 0 \\ 0 & 0 & 0 & n_{2y} & -n_{2x} & 1 \end{pmatrix}$$

$$\boldsymbol{x} = \begin{pmatrix} F_{0x} \\ F_{0y} \\ \boldsymbol{Q}_0 \\ F_{1x} \\ F_{1y} \\ \boldsymbol{Q}_1 \end{pmatrix}, \boldsymbol{b} = \begin{pmatrix} ma_{1x} \\ ma_{1y} - mg \\ {}^0I_1\boldsymbol{a}_1 \\ Ma_{2x} \\ Ma_{2y} - Mg \\ {}^0I_2\boldsymbol{a}_2 \end{pmatrix}$$

2.2.3.2　拉格朗日方程

在机器人的动力学研究中，主要应用拉格朗日方程建立机器人的动力学方程。这类方程可直接表示为系统控制输入的函数，若采用齐次坐标，递推的拉格朗日方程也可建立比较方便而有效的动力学方程。

对于任何机械系统，拉格朗日函数 L 的定义均为系统总动能 E_k 与总势能 E_p 之差，即

$$L = E_k - E_p \tag{2.40}$$

由拉格朗日函数 L 所描述的系统动力学状态的拉格朗日方程（简称 L-E 方程，E_k 和 E_p 可以用任何方便的坐标系来表示）为

$$\boldsymbol{F}_i = \frac{\mathrm{d}}{\mathrm{d}t} \frac{\partial L}{\partial \dot{q}_i} - \frac{\partial L}{\partial q_i} \qquad (i = 1, 2, \cdots, n) \tag{2.41}$$

式中，L 为拉格朗日函数（又称拉格朗日算子）；n 为连杆数目；q_i 为系统选定的广义坐标，单位为 m 或 rad，具体选 m 还是 rad 由 q_i 为直线坐标还是转角坐标来决定；$\dot{q}_i$ 为广义速度（广义坐标 q_i 对时间的一阶导数），单位为 m/s 或 rad/s，具体选 m/s 还是 rad/s 由 $\dot{q}_i$ 是线速度还是角速度来决定；$\boldsymbol{F}_i$ 为作用在第 i 个坐标上的广义力或力矩，单位为 N 或 N·m，具体选 N 还是 N·m 由 q_i 是直线坐标还是转角坐标来决定。式(2.41) 可写成

$$\boldsymbol{F}_i = \frac{\mathrm{d}}{\mathrm{d}t} \frac{\partial E_k}{\partial \dot{q}_i} - \frac{\partial E_k}{\partial q_i} + \frac{\partial E_p}{\partial q_i} \tag{2.42}$$

应用式(2.42) 时应注意：

① 系统的势能 E_p 仅是广义坐标 q_i 的函数，而动能 E_k 是 q_i、$\dot{q}_i$ 及时间 t 的函数，因此拉格朗日函数可以写成 $L = L(q_i, \dot{q}_i, t)$。

② 若 q_i 是线位移，则 $\dot{q}_i$ 是线速度，对应的 $\boldsymbol{F}_i$ 就是广义力；若 q_i 是角位移，则 $\dot{q}_i$ 是角速度，对应的 $\boldsymbol{F}_i$ 是广义力矩。

2.2.3.3　机器人动力学方程的推导过程

机器人是结构复杂的连杆系统，推导动力学方程时，一般采用齐次变换的方法，用拉格朗日方程建立其系统动力学方程，对其位姿和运动状态进行描述。机器人动力学方程的具体推导过程如下：

① 选取坐标系，选定完全而且独立的广义关节变量 $q_i (i = 1, 2, \cdots, n)$。

② 选定相应关节上的广义力（力矩）$\boldsymbol{F}_i$：当 q_i 是位移变量时，$\boldsymbol{F}_i$ 为力；当 q_i 是角度变量时，$\boldsymbol{F}_i$ 为力矩。

③ 求出机器人各构件的动能和势能，构造拉格朗日函数。

④ 代入拉格朗日方程求得机器人系统的动力学方程。

以图 2.15 为例。

（1）选定广义关节变量及广义力

选取笛卡儿坐标系。连杆 1 和连杆 2 的关节变量分别是转角 θ_1 和 θ_2，关节 1 和关节 2 相应的力矩是 τ_1 和 τ_2。连杆 1 和连杆 2 的质量分别是 m_1 和 m_2，杆长分别为 l_1 和 l_2，质心分别在 C_1 和 C_2 处，离关节中心的距离分别为 p_1 和 p_2。

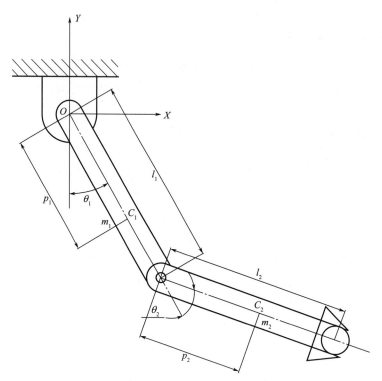

图 2.15   2 自由度机器人动力学方程的建立

因此，杆 1 质心 C_1 的位置坐标为

$$X_1 = p_1 s\theta_1$$
$$Y_1 = -p_1 c\theta_1$$

杆 1 质心 C_1 速度的平方为

$$\dot{X}_1^2 + \dot{Y}_1^2 = (p_1 \dot{\theta}_1)^2$$

杆 2 质心 C_2 的位置坐标为

$$X_2 = l_1 s\theta_1 + p_2 s_{12}$$
$$Y_2 = -l_1 c\theta_1 - p_2 c_{12}$$

杆 2 质心 C_2 速度的平方为

$$\dot{X}_2 = l_1 c\theta_1 \dot{\theta}_1 + p_2 c_{12}(\dot{\theta}_1 + \dot{\theta}_2)$$

$$\dot{Y}_2 = l_1 s\theta_1 \dot{\theta}_1 + p_2 s_{12}(\dot{\theta}_1 + \dot{\theta}_2)$$

$$\dot{X}_2^2 + \dot{Y}_2^2 = l_1^2 \dot{\theta}_1^2 + p_2^2(\dot{\theta}_1 + \dot{\theta}_2)^2 + 2l_1 p_2(\dot{\theta}_1^2 + \dot{\theta}_1 \dot{\theta}_2) c\theta_2$$

（2）求出系统动能

$$E_k = \sum E_{ki} \qquad (i=1,2)$$

$$E_{k1} = \frac{1}{2} m_1 p_1^2 \dot{\theta}_1^2$$

$$E_{k2} = \frac{1}{2} m_2 l_1^2 \dot{\theta}_1^2 + \frac{1}{2} m_2 p_2^2(\dot{\theta}_1 + \dot{\theta}_2)^2 + m_2 l_2 p_2(\dot{\theta}_1^2 + \dot{\theta}_1 \dot{\theta}_2) c\theta_2$$

（3）求出系统势能

$$E_p = \sum E_{pi} \qquad (i=1,2)$$

$$E_{p1}=m_1 g p_1(1-c\theta_1)$$
$$E_{p2}=m_2 g l_1(1-c\theta_1)+m_2 g p_2(1-c_{12})$$

（4）构造拉格朗日函数

$$L=E_k-E_p$$
$$=\frac{1}{2}(m_1 p_1^2+m_2 l_1^2)\dot\theta_1^2+m_2 l_2 p_2(\dot\theta_1^2+\dot\theta_1\dot\theta_2)c\theta_2+\frac{1}{2}m_2 p_2^2(\dot\theta_1+\dot\theta_2)^2$$
$$-(m_1 p_1+m_2 l_1)g(1-c\theta_1)-m_2 g p_2(1-c_{12})$$

（5）求得系统动力学方程

根据拉格朗日方程式计算各关节上的力矩，可得系统动力学方程。

计算关节 1 上的力矩 τ_1

$$\frac{\partial L}{\partial \dot\theta_1}=(m_1 p_1^2+m_2 l_1^2)\dot\theta_1+m_2 l_2 p_2(2\dot\theta_1+\dot\theta_2)c\theta_2+m_2 p_2^2(\dot\theta_1+\dot\theta_2)$$

$$\frac{\partial L}{\partial \theta_1}=-(m_1 p_1+m_2 l_1)g\,s\theta_1-m_2 g p_2 s_{12}$$

所以

$$\tau_1=\frac{d}{dt}\frac{\partial L}{\partial \dot\theta_1}-\frac{\partial L}{\partial \theta_1}$$
$$=(m_1 p_1^2+m_2 p_2^2+m_2 l_1^2+2m_2 l_1 p_2 c\theta_2)\ddot\theta_1+(m_2 p_2^2+m_2 l_1 p_2 c\theta_2)\ddot\theta_2$$
$$+(-2m_2 l_1 p_2 s\theta_2)\dot\theta_1\dot\theta_2+(-m_2 l_1 p_2 s\theta_2)\dot\theta_2^2+(m_1 p_1+m_2 l_1)g\,s\theta_1+m_2 p_2 g\,s_{12}$$

上式可简写为

$$\tau_1=D_{11}\ddot\theta_1+D_{12}\ddot\theta_2+D_{112}\dot\theta_1\dot\theta_2+D_{122}\dot\theta_2^2+D_1 \tag{2.43}$$

式中

$$\begin{cases}D_{11}=m_1 p_1^2+m_2 p_2^2+m_2 l_1^2+2m_2 l_1 p_2 c\theta_2\\ D_{12}=m_2 p_2^2+m_2 l_1 p_2 c\theta_2\\ D_{112}=-2m_2 l_1 p_2 s\theta_2\\ D_{122}=-m_2 l_1 p_2 s\theta_2\\ D_1=(m_1 p_1+m_2 l_1)g\,s\theta_1+m_2 p_2 g\,s_{12}\end{cases} \tag{2.44}$$

计算关节 2 上的力矩 τ_2

$$\frac{\partial L}{\partial \dot\theta_2}=m_2 p_2^2(\dot\theta_1+\dot\theta_2)+m_2 l_1 p_2\dot\theta_1 c\theta_2$$

$$\frac{\partial L}{\partial \theta_2}=-m_2 l_1 p_2(\dot\theta_1^2+\dot\theta_1\dot\theta_2)s\theta_2-m_2 g p_2 s_{12}$$

所以

$$\tau_2=\frac{d}{dt}\frac{\partial L}{\partial \dot\theta_2}-\frac{\partial L}{\partial \theta_2}=(m_2 p_2^2+m_2 l_1 p_2 c\theta_2)\ddot\theta_1+m_2 p_2^2\ddot\theta_2$$
$$+(m_2 l_2 p_2 s\theta_2)\dot\theta_1\dot\theta_2+(m_2 l_1 p_2 s\theta_2)\dot\theta_1^2+m_2 g p_2 s_{12}$$

上式可简写为

$$\tau_2 = D_{21}\ddot{\theta}_1 + D_{22}\ddot{\theta}_2 + D_{212}\dot{\theta}_1\dot{\theta}_2 + D_{222}\dot{\theta}_1^2 + D_2 \tag{2.45}$$

式中

$$\begin{cases} D_{21} = m_2 p_2^2 + m_2 l_1 p_2 c\theta_2 \\ D_{22} = m_2 p_2^2 \\ D_{212} = m_2 l_2 p_2 s\theta_2 \\ D_{211} = m_2 l_1 p_2 s\theta_2 \\ D_2 = m_2 g p_2 s_{12} \end{cases} \tag{2.46}$$

式(2.43)、式(2.45)分别表示了关节驱动力矩与关节位移、速度、加速度之间的关系，即力和运动之间的关系，称为图 2.15 所示 2 自由度机器人的动力学方程。对这些公式进行分析可知：

① 含有 $\ddot{\theta}_1$ 或 $\ddot{\theta}_2$ 的项表示由于加速度引起的关节力矩，其中：

a. 含有 D_{11} 和 D_{22} 的项分别表示由于关节 1 加速度和关节 2 加速度引起的惯性力矩；

b. 含有 D_{12} 的项表示关节 2 加速度对关节 1 的耦合惯性力矩；

c. 含有 D_{21} 的项表示关节 1 加速度对关节 2 的耦合惯性力矩。

② 含有 $\dot{\theta}_1^2$ 和 $\dot{\theta}_2^2$ 的项表示由于向心力引起的关节力矩，其中：

a. 含有 D_{122} 的项表示由关节 2 速度引起的向心力对关节 1 的耦合力矩；

b. 含有 D_{222} 的项表示由关节 1 速度引起的向心力对关节 2 的耦合力矩。

③ 含有 $\dot{\theta}_1\dot{\theta}_2$ 的项表示由于科氏力引起的关节力矩，其中：

a. 含有 D_{112} 的项表示科氏力对关节 1 的耦合力矩；

b. 含有 D_{212} 的项表示科氏力对关节 2 的耦合力矩。

④ 只含关节变量 θ_1、θ_2 的项表示重力引起的关节力矩，其中：

a. 含有 D_1 的项表示连杆 1 及连杆 2 的质量对关节 1 引起的重力矩；

b. 含有 D_2 的项表示连杆 2 的质量对关节 2 引起的重力矩。

从上面推导可以看出，简单的 2 自由度平面关节型机器人的动力学方程已经很复杂了，包含了很多因素，这些因素都在影响机器人的动力学特性。对于比较复杂的多自由度机器人，其动力学方程更庞杂，推导过程更为复杂，不利于机器人的实时控制。故进行动力学分析时，通常进行下列简化。

① 当杆件不太长、重量很小时，动力学方程中的重力矩项可以省略。

② 当关节速度不太大、机器人不是高速机器人时，含有 $\dot{\theta}_1^2$、$\dot{\theta}_2^2$ 及 $\dot{\theta}_1\dot{\theta}_2$ 的项可以省略。

③ 当关节加速度不太大，即关节电动机的升、降速比较平稳时，含有 $\ddot{\theta}_1$、$\ddot{\theta}_2$ 的项有时可以省略。但关节加速度减小会引起速度升降的时间增加，延长机器人作业循环的时间。

2.2.3.4　关节空间和操作空间动力学方程

（1）关节空间和操作空间

n 个自由度操作臂的末端位姿 X 由 n 个关节变量所决定，这 n 个关节变量也称为 n 维关节矢量 q，所有关节矢量 q 构成了关节空间。末端执行器的作业是在直角坐标空间中进行的，即操作臂末端位姿 X 是在直角坐标空间中描述的，因此把这个空间称为操作空间。运动学方程 $X = X(q)$ 就是关节空间向操作空间的映射，而运动学逆解则是由映射求其在关节空间中的原像。在关节空间和操作空间，操作臂动力学方程有不同的表示形式，并且两者之间存在着一定的对应关系。

（2）关节空间的动力学方程

将式（2.43）、式（2.45）写成矩阵形式为

$$\tau = D(q)\ddot{q} + H(q, \dot{q}) + G(q) \tag{2.47}$$

式中

$$\tau = \begin{bmatrix} \tau_1 \\ \tau_2 \end{bmatrix}, \quad q = \begin{bmatrix} \theta_1 \\ \theta_2 \end{bmatrix}, \quad \dot{q} = \begin{bmatrix} \dot{\theta}_1 \\ \dot{\theta}_2 \end{bmatrix}, \quad \ddot{q} = \begin{bmatrix} \ddot{\theta}_1 \\ \ddot{\theta}_2 \end{bmatrix}$$

所以

$$D(q) = \begin{bmatrix} m_1 p_1^2 + m_2(l_1^2 + p_2^2 + 2l_1 p_2 c\theta_2) & m_2(p_2^2 + l_1 p_2 c\theta_2) \\ m_2(p_2^2 + l_1 p_2 c\theta_2) & m_2 p_2^2 \end{bmatrix} \tag{2.48}$$

$$H(q, \dot{q}) = \begin{bmatrix} -m_2 l_1 p_2 s\theta_2 \dot{\theta}_2^2 - 2m_2 l_1 p_2 s\theta_2 \dot{\theta}_1 \dot{\theta}_2 \\ m_2 l_1 p_2 s\theta_2 \dot{\theta}_1^2 \end{bmatrix} \tag{2.49}$$

$$G(q) = \begin{bmatrix} (m_1 p_1 + m_2 l_1) g s\theta_1 + m_2 p_2 g s_{12} \\ m_2 p_2 g s_{12} \end{bmatrix} \tag{2.50}$$

式（2.47）就是操作臂在关节空间的动力学方程的一般结构形式，它反映了关节力矩与关节变量、速度、加速度之间的函数关系。对于 n 个关节的操作臂，$D(q)$ 是 $n \times n$ 的正定对称矩阵，是 q 的函数，称为操作臂的惯性矩阵；$H(q, \dot{q})$ 是 $n \times 1$ 的离心力和科氏力矢量；$G(q)$ 是 $n \times 1$ 的重力矢量，与操作臂的关节矢量 q 有关。

（3）操作空间动力学方程

与关节空间动力学方程相对应，在笛卡儿操作空间中可以用直角坐标变量即末端操作器位姿的矢量 X 表示机器人动力学方程。因此，操作力 F 与末端加速度 $\ddot{X}$ 之间的关系可表示为

$$F = M_X(q)\ddot{X} + U_X(q, \dot{q}) + G_X(q) \tag{2.51}$$

式中，$M_X(q)\ddot{X}$、$U_X(q, \dot{q})$、$G_X(q)$ 分别为操作空间惯性矩阵、离心力和科氏力矢量、重力矢量，它们都是在操作空间中表示的；F 为广义操作力矢量。

关节空间动力学方程和操作空间动力学方程之间的对应关系可以通过广义操作力 F 与广义关节力 τ 之间的关系式（2.52），和操作空间与关节空间之间的速度、加速度的关系式（2.53）求出。

$$\tau = J^{\mathrm{T}}(q)F \tag{2.52}$$

$$\begin{cases} \dot{X} = J(q)\dot{q} \\ \ddot{X} = J(q)\ddot{q} + \dot{J}(q)\dot{q} \end{cases} \tag{2.53}$$

2.2.4　波浪滑翔机动力学建模分析实例

波浪滑翔机（wave glider，WG）是一种利用波浪能和太阳能驱动的新概念无人水面机

器人，考虑到其多体特征，基于 D-H 方法和拉格朗日方程，建立其动力学模型，基本思路如下。

首先建立波浪滑翔机的坐标系，通过 D-H 方法将 WG 的各个运动部分的速度表示出来，并计算该部分的动能和势能，然后求和就得到 WG 系统的势能和动能，通过拉格朗日动力学方程，建立 WG 对于惯性坐标系的动力学方程，最后将广义力在惯性坐标系中表示出来。

（1）坐标系的建立

按照 D-H 方法设定坐标系，将 WG 各个运动部分的坐标系表示如图 2.16。

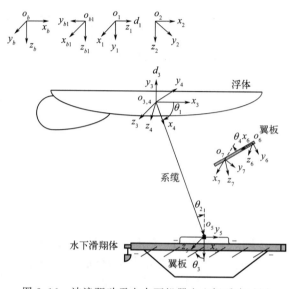

图 2.16　波浪驱动无人水面机器人坐标系表示图

根据图 2.16 建立的坐标系，可建立连杆参数表 2.2。

表 2.2　波浪驱动无人水面机器人 D-H 参数

连杆序号 i	α_{i-1}	a_{i-1}	θ_i	d_i	关节变量	备注
b_1	0	0	$\dfrac{\pi}{2}$	0		
1	$\dfrac{\pi}{2}$	0	0	d_1	d_1	水平方向的位移
2	$-\dfrac{\pi}{2}$	0	$-\dfrac{\pi}{2}$	d_3	d_3	垂直方向的位移
3（浮体）	$-\dfrac{\pi}{2}$	0	0	0		
4（系缆）	0	a_1（绳长）	θ_1	0	θ_1	
5（水下滑翔体）	$-\dfrac{\pi}{2}$	a_2（常数）	θ_2	0	θ_2	$\theta_1+\theta_2=-\dfrac{\pi}{2}$
6（翼板）	0	a_3（常数）	θ_3	0	θ_3	翼板旋角
7（速度坐标系）	0	a_4（绳长）	θ_4	0	θ_4	

采用改进 D-H 方法，两相邻坐标系 $\{n-1\}$ 和 $\{n\}$ 中，相邻两连杆间的齐次变换矩阵通式为

$$\begin{aligned}
{}_{i}^{i-1}\boldsymbol{T} &= \mathrm{Rot}(x,\alpha_{i-1})\mathrm{Trans}(x,a_{i-1})\mathrm{Rot}(z,\theta_{i})\mathrm{Trans}(z,d_{i}) \\
&= \begin{bmatrix}
\cos\theta_{i} & -\sin\theta_{i} & 0 & a_{i-1} \\
\sin\theta_{i}\cos\alpha_{i-1} & \cos\theta_{i}\cos\alpha_{i-1} & -\sin\alpha_{i-1} & -d_{i}\sin\alpha_{i-1} \\
\sin\theta_{i}\sin\alpha_{i-1} & \cos\theta_{i}\sin\alpha_{i-1} & \cos\alpha_{i-1} & d_{i}\cos\alpha_{i-1} \\
0 & 0 & 0 & 1
\end{bmatrix}
\end{aligned}$$

置于波浪驱动无人水面机器人末端位置的翼板相对于惯性坐标系的变换矩阵分别为

$$ {}_{7}^{b}\boldsymbol{T} = {}_{1}^{b}\boldsymbol{T}(d_{1}){}_{2}^{1}\boldsymbol{T}(d_{3}){}_{3}^{2}\boldsymbol{T}{}_{4}^{3}\boldsymbol{T}(\theta_{1}){}_{5}^{4}\boldsymbol{T}(\theta_{2}){}_{6}^{5}\boldsymbol{T}(\theta_{3}){}_{7}^{6}\boldsymbol{T}(\theta_{4}) $$

（2）速度关系的描述

利用刚体动力学的知识，相邻两个连杆的运动传递有如下关系：

对于转动关节

$$ {}^{i+1}\boldsymbol{\omega}_{i+1} = {}_{i}^{i+1}\boldsymbol{R}\,{}^{i}\boldsymbol{\omega}_{i} + \dot{\theta}_{i+1}\,{}^{i+1}\boldsymbol{z}_{i+1} $$

$$ {}^{i+1}\boldsymbol{v}_{i+1} = {}_{i}^{i+1}\boldsymbol{R}({}^{i}\boldsymbol{v}_{i} + {}^{i}\boldsymbol{\omega}_{i}\,{}^{i}\boldsymbol{p}_{i+1}) $$

式中，${}^{i+1}\boldsymbol{z}_{i+1}$ 为 z_{i+1} 方向的单位矢量；${}^{i}\boldsymbol{p}_{i+1}$ 为第 i 个和第 $i+1$ 个坐标系原点间的距离。

对于移动关节

$$ {}^{i+1}\boldsymbol{\omega}_{i+1} = {}_{i}^{i+1}\boldsymbol{R}\,{}^{i}\boldsymbol{\omega}_{i} $$

$$ {}^{i+1}\boldsymbol{v}_{i+1} = {}_{i}^{i+1}\boldsymbol{R}({}^{i}\boldsymbol{v}_{i} + {}^{i}\boldsymbol{\omega}_{i}\,{}^{i}\boldsymbol{p}_{i+1}) + \dot{d}_{i+1}\,{}^{i+1}\boldsymbol{z}_{i+1} $$

质心的速度

$$ {}^{i}\boldsymbol{\omega}_{C_{i}} = {}^{i}\boldsymbol{v}_{i} + {}^{i}\boldsymbol{\omega}_{i}\,{}^{i}\boldsymbol{p}_{C_{i}} $$

$$ \boldsymbol{v}_{C_{i}} = {}_{i}^{0}\boldsymbol{R}\,\boldsymbol{\omega}_{i} $$

式中，${}^{i}\boldsymbol{p}_{C_{i}}$ 为第 i 个坐标系原点距离第 i 个连杆质心的距离。

相对于基坐标系的速度

$$ \boldsymbol{\omega}_{C_{i}} = {}_{i}^{0}\boldsymbol{R}\,\boldsymbol{\omega}_{C_{i}} $$

$$ \boldsymbol{v}_{C_{i}} = {}_{i}^{0}\boldsymbol{R}\,\boldsymbol{v}_{C_{i}} $$

在这里，设定惯性坐标系 $\omega_{o}=0$，$v_{o}=0$，通过变换矩阵 ${}_{i}^{i-1}\boldsymbol{T}$ 和以上的速度关系就可以得到波浪驱动无人水面机器人的各个运动部分的速度和位置信息，进而可以进行动能和势能的计算。

（3）动能和势能的计算

为了计算方便，将以上的关节变量统一表示为

$$ \boldsymbol{q} = \begin{bmatrix} d_{1} & d_{3} & \theta_{1} & \theta_{3} \end{bmatrix}^{\mathrm{T}} $$

设某一连杆 i 的质心在基础坐标系中的平移速度为 $\boldsymbol{v}_{C_{i}}$，角速度向量为 $\boldsymbol{\omega}_{i}$，质量为 m_{i}，相对于质心的惯性张量为 $\boldsymbol{I}_{i}$，则其动能可表示为

$$ \boldsymbol{T}_{i} = \frac{1}{2}m_{i}\boldsymbol{v}_{C_{i}}^{\mathrm{T}}\boldsymbol{v}_{C_{i}} + \frac{1}{2}\boldsymbol{\omega}_{i}^{\mathrm{T}}\boldsymbol{I}_{i}\boldsymbol{\omega}_{i} $$

连杆 i 在基础坐标系中的速度与第 i 号连杆及其之前的各连杆速度的关系可以表示如下：

$$ \begin{bmatrix} \boldsymbol{v}_{C_{i}} \\ \boldsymbol{\omega}_{i} \end{bmatrix} = \begin{bmatrix} J_{l1}^{(i)} & J_{l2}^{(i)} & \cdots & J_{li}^{(i)} \\ J_{a1}^{(i)} & J_{a2}^{(i)} & \cdots & J_{ai}^{(i)} \end{bmatrix} \begin{bmatrix} \dot{q}_{1} \\ \dot{q}_{2} \\ \vdots \\ \dot{q}_{i} \end{bmatrix} = \begin{bmatrix} \boldsymbol{J}_{l}^{(i)}\dot{\boldsymbol{q}} \\ \boldsymbol{J}_{a}^{(i)}\dot{\boldsymbol{q}} \end{bmatrix} $$

所以，连杆 i 在基础坐标系中的动能可以表示为

$$T_i = \frac{1}{2}(m_i \dot{q}^{\mathrm{T}} J_l^{(i)\mathrm{T}} J_l^{(i)} \dot{q} + \dot{q}^{\mathrm{T}} J_a^{(i)\mathrm{T}} I_i J_a^{(i)} \dot{q})$$

WG 的本身结构的总动能为

$$T_w = \sum_{i=1}^{n} T_i = \frac{1}{2} \dot{q}^{\mathrm{T}} M_w \dot{q}$$

其中，$M_w = \begin{bmatrix} M_{w1} & C_w \\ C_w^{\mathrm{T}} & I_w \end{bmatrix}$ 为波浪驱动无人水面机器人结构本身的惯性矩阵。

考虑到波浪驱动无人水面机器人在水中运动，会导致周围水流动加速，产生附加质量效应，相应流体的动能可表示为

$$T_f = \frac{1}{2} v^{\mathrm{T}} M_f v$$

其中，$M_f = \begin{bmatrix} M_{f1} & C_f \\ C_f^{\mathrm{T}} & I_f \end{bmatrix}$ 为附加惯性矩阵，由附加质量矩阵 M_{f1}、附加转动惯量 I_f 和附加耦合矩阵 C_f 构成的一个对称矩阵。考虑到浮体和水下滑翔体在结构上，前后左右是对称的，所以 M_{f1} 和 I_f 是对角矩阵，即 $M_{f1} = \mathrm{diag}(m_{f1}, m_{f2}, m_{f3})$，$I_f = \mathrm{diag}(I_{f1}, I_{f2}, I_{f3})$。

所以，系统的总动能应为连杆的总动能和周围水体的动能之和

$$T = T_f + \sum_{i=1}^{n} T_i = \frac{1}{2} \dot{q}^{\mathrm{T}} M \dot{q}$$

其中，$M = M_w + M_f = \begin{bmatrix} M_{w1} + M_{f1} & C_w + C_f \\ C_w^{\mathrm{T}} + C_f^{\mathrm{T}} & I_w + I_f \end{bmatrix}$

总势能为

$$U = \sum_{i=1}^{n} m_i g^{\mathrm{T}0} p_{C_i}$$

其中，与坐标系 $x_1 y_1 z_1$、$x_2 y_2 z_2$ 固结的连杆 1、2 是虚拟连杆，其质量为 0，即

$$m_1 = m_2 = 0$$

（4）拉格朗日动力学方程建立

拉格朗日函数为

$$L = T - U$$

有拉格朗日方程

$$\frac{\mathrm{d}}{\mathrm{d}t}\left(\frac{\partial L}{\partial \dot{q}_i}\right) - \frac{\partial L}{\partial q_i} = \tau_i$$

所以，根据以上计算，将动力学模型写成向量的形式为

$$M\ddot{q} + C(q, \dot{q}) + G(q) = \tau$$

其中，M 为系统的 6×6 惯性矩阵，各元素取值为

$$M_{11} = m_3 + m_4 + m_5 + m_w + m_{f1}$$

$$M_{22} = m_3 + m_4 + m_5 + m_w + m_{f3}$$

$$M_{33} = \left(\frac{1}{4}m_4 + m_5 + m_w\right)a_1^2 + I_{6z} + I_{f3}$$

$$M_{12} = M_{21} = 0$$

$$M_{13} = M_{31} = -\left(\frac{1}{2}m_4 + m_5 + m_w\right)a_1 \cos\theta_2$$

$$M_{23} = M_{32} = -\left(\frac{1}{2}m_4 + m_5 + m_w\right)a_1\sin\theta_2$$

$C(q,\dot{q})$ 为系统的离心力和科氏力，各元素表示为

$$C_1 = \left(\frac{1}{2}m_4 + m_5 + m_w\right)a_1\dot{\theta}_2^2\sin\theta_2$$

$$C_2 = -\left(\frac{1}{2}m_4 + m_5 + m_w\right)a_1\dot{\theta}_2^2\cos\theta_2$$

$$C_3 = 0$$

$G(q)$ 为重力矢量，各元素可表示为

$$G_1 = 0$$

$$G_2 = -(m_3 + m_4 + m_5 + m_w)g$$

$$G_3 = -\left(\frac{1}{2}m_4 + m_5 + m_w\right)a_1 g\sin\theta_2$$

（5）广义力的表示

根据虚位移原理的虚功广义坐标表达式

$$\delta W = \sum_{i=1}^{n}\boldsymbol{F}_i\,\delta\boldsymbol{r}_i = \sum_{k=1}^{N}\boldsymbol{Q}_k\,\delta\boldsymbol{q}_k$$

可以获得广义力的表达式，即

$$\boldsymbol{\tau} = \begin{bmatrix} F_{px} - D_g - D_f - D_l \\ -B_f - F_w - B_l + F_{pz} - B_g \\ -\left(F_{px} - D_g - \frac{1}{2}D_l\right)a_1\cos\theta_2 - \left[F_{py} - B_g + \frac{1}{2}(-B_l)\right]a_1\sin\theta_2 \end{bmatrix}$$

式中，F_{px}、F_{py} 分别为水下滑翔体的翼板在水平和垂直方向的分力；D_f、D_g、D_l 分别为浮体、水下滑翔体、系缆受到的水阻力；B_f、B_l、B_g 分别为浮体、水下滑翔体、系缆受到的浮力；F_w 为浮体受到的波浪力。

2.3　本章习题

（1）一矢量 u 绕 X 轴旋转 θ 度，再绕 Z 轴旋转 ϕ 度，求按以上顺序旋转过后得到的旋转矩阵。

（2）点矢量 v 为 $[10.00 \quad 20.00 \quad 30.00]^{\mathrm{T}}$，相对参考系做如下齐次变换：

$$\boldsymbol{A} = \begin{bmatrix} 0.866 & -0.500 & 0 & -3.00 \\ 0.500 & 0.866 & 0 & 5.00 \\ 0 & 0 & 1.00 & 8.00 \\ 0 & 0 & 0 & 1.00 \end{bmatrix}$$

写出变换后点矢量 v 的表达式，写出旋转算子 Rot 以及平移算子 Trans。

（3）图 2.17 所示的 2 自由度平面机械手中，关节 1 为转动关节，关节变量为 θ_1；关节 2 为移动关节，关节变量为 d_1。试求：

① 建立关节坐标系，并写出该机械手的运动方程式。

② 按关节变量参数求出手部中心的位置。

（4）图 2.17 所示 2 自由度平面机械手，已知手部中心坐标值为 X_0、Y_0，求该机械手运动学方程的逆解 θ_1、d_1。

（5）简述机器人的正、逆运动学概念及二者区别与联系。

（6）什么是机器人运动学逆解的多重性，以及剔除多余解的方法有哪些？

（7）简述机器人运动学和动力学的区别与联系，以及动力学建模的方法。

（8）简述用拉格朗日方程建立机器人动力学方程的步骤。

（9）动力学方程的简化条件有哪些？

（10）推导图 2.18 所示 2 自由度系统的动力学方程。

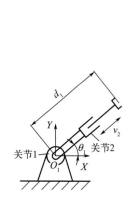

图 2.17　2 自由度平面机械手

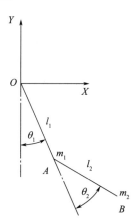

图 2.18　2 自由度系统

（11）简述机器人速度雅可比、力雅可比的概念及二者之间的关系。

（12）已知 2 自由度机械手的雅可比矩阵为

$$J = \begin{bmatrix} -l_1 s\theta_1 - l_2 s_{12} & -l_2 s_{12} \\ l_1 c\theta_1 + l_2 c_{12} & l_2 c_{12} \end{bmatrix}$$

若忽略重力，当手部端点力 $F = \begin{bmatrix} 1 & 0 \end{bmatrix}^T$ 时，求相应的关节力矩 τ。

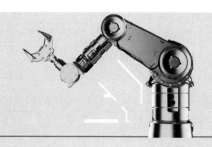

第3章

机器人本体结构

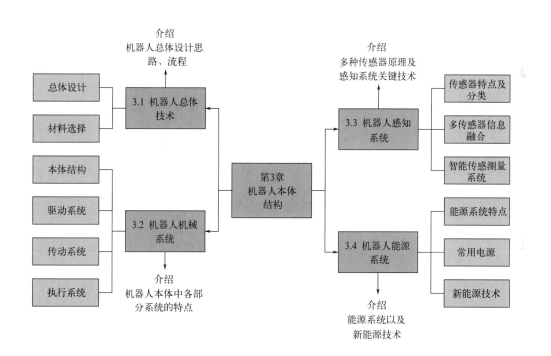

3.1 机器人总体技术

　　机器人总体技术是一种从整体设计目标出发，用系统的观点和方法将总体分解成若干功能单元，找出能完成各个功能的技术方案，综合考虑系统各个部分之间的耦合关系，再把功能与技术方案组合、分析、评价和优选的综合应用技术。在机器人总体设计阶段，设计的不确定性因素很多，为设计提供的自由度和创作空间，是最有可能体现创新性的阶段。好的构思是创新设计思想的主要来源，机器人的总体设计直接影响到后续详细设计的每一个环节，是具有战略性和关键性的工作，其完成质量直接影响到机器人的结构、性能和成本，关系到产品的技术水平和竞争力。

3.1.1 机器人总体设计

机器人的设计与大多数机械产品的设计过程相似：首先从需求分析开始，确定机器人的任务和使用场景，然后进行系统分析、各部分设计和仿真计算等步骤，充分考虑各部分的兼容性与协同性，不断迭代修正，直至获得满足性能、成本等要求的最优设计方案。其总体设计流程如图 3.1 所示。

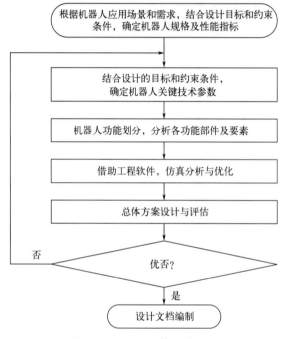

图 3.1　机器人总体设计流程

（1）需求分析

确定机器人的使用场景和任务：确定机器人将用于哪些环境和行业，需要完成什么样的任务，考虑环境中的障碍物、温度、湿度等因素对机器人的影响。收集并分析用户需求：了解用户对机器人功能、性能等方面的要求和期望。根据需求分析结果，可初步确定机器人的规格和性能指标。

（2）技术参数确定

结合设计的目标和约束条件（包括机器人的功能性、可靠性、成本、制造工艺等方面的目标和限制），确定机器人的关键技术参数：自由度数、工作范围、运动速度、负载能力、定位精度等。通过计算和仿真分析确定技术参数的合理取值，确保机器人能够满足设计要求并具有良好的性能。

（3）系统功能部件及要素分析

智能机器人是由各个子系统组成，而每个子系统又由若干功能部件及要素组成，各部分相互协作，共同实现智能机器人各项功能。各子系统功能部件的选用或设计要根据整机的性能指标确定，同时要考虑各子系统或功能部件的兼容性和合理布局等。

（4）仿真分析与优化

借助于工程仿真软件，可完成机器人各功能部件强度、刚度、可靠性等数值的计算，评估机器人在各种工作条件下的运动性能和稳定性。通过设定约束条件和目标函数，设计优化算法，可完成机器人某一方面或整体的性能优化设计，为下一步方案评估提供科学依据。

（5）方案设计与评估

根据提出的不同的机器人设计方案，及前面的仿真计算和优化结果，结合具体工程需求和设计目标，对多种不同的机械结构和控制方案进行评估和比较，考虑各方案的优缺点、可行性、成本等因素，选择最优的设计方案。

（6）设计文档编制

编写机器人设计文档，包括机器人的功能需求规格书、技术规格书、设计方案报告等文档，记录设计过程和结果。

3.1.2　机器人材料选择

材料选择在机器人设计中扮演着至关重要的角色，它直接影响机器人的性能、成本和应用功能等。选择合适的材料能够确保机器人的结构轻巧、坚固，同时具有高强度和耐久性，这对于实现机器人在不同环境下的任务至关重要。不同任务和应用场景的机器人需要不同的材料，例如消防机器人需要耐高温和耐化学腐蚀的材料，医疗机器人要求材料具备生物相容性和抗菌性，水下机器人则比较适合密度小且耐水腐蚀的材料等。此外，随着国家对环境保护的重视，材料的可回收性和环保性也成为材料选择的重要考量因素。

在设计机器人时，工程师们需要综合考虑这些因素，以确保选择合适的材料来满足机器人的特定功能和操作需求。正确的材料选择不仅可以提高机器人的性能，还能延长其使用寿命，降低运营成本，从而提升机器人在各个领域的竞争力。

（1）材料选择的主要考虑因素

① 强度与重量。材料的强度决定机器人结构的稳定性和承载能力，而较轻的材料有助于提高机器人的灵活性和工作效率，所以，机器人设计应在强度和重量之间达到最佳平衡。

② 耐磨性与耐腐蚀性。机器人在执行任务时各个运动关节相对运动，不可避免发生摩擦，尤其是在负重下更甚。同时，在具有腐蚀性的环境中，材料会因逐渐被腐蚀而失去性能，造成机器人损坏。高耐磨性和耐腐蚀性材料可以延长机器人的使用寿命，保持稳定工作。

③ 韧性与弹性。材料若具有良好的韧性和弹性则可以增强机器人抵御冲击的能力，降低结构损坏的风险，从而提升机器人运行的可靠性。

④ 防水性和防尘性。材料应防止液体和粉尘进入内部，从而保护机器人的关键部件，特别是在恶劣环境中工作时。

⑤ 成本与供应。材料的成本直接影响机器人制造成本，而供应链的稳定性则影响生产效率，应选择经济合理且供应稳定的材料。

⑥ 加工与制造可行性。材料的加工特性决定制造工艺和生产效率，选择易加工的材料有助于简化制造流程，降低生产成本。

⑦ 环境适应性。材料应适应机器人的工作环境，如高温、低温、潮湿或干燥，合适的材料可以确保机器人在不同环境下正常运行。

⑧ 安全与可维护性。材料的耐热、阻燃和抗冲击性能对机器人的安全性至关重要，选择容易维护的材料有助于减少维修成本和停机时间。

⑨ 导电性和绝缘性。根据机器人的需求，选择合适的导电性或绝缘性材料，绝缘性材料保护敏感元件免受电气干扰并且防漏电，提高机器人的安全性。

⑩ 回收与环保。材料的可回收性和环保特性有助于降低机器人对环境的影响，符合当前可持续发展的趋势及相关政策和法规要求。

（2）常见材料

在机器人材料中，既有铝合金、钢、塑料等常用材料，也有钛合金、石墨烯等特殊材料，这些材料各自具备不同的力学性能和优缺点。根据机器人的任务要求和工作环境，选择合适的材料可以确保机器人的性能、寿命和稳定性。

① 铝合金。铝合金具有轻质、高强度、耐腐蚀和易加工等特性。在机器人设计中，它被广泛用于制作机身、骨架和外壳，以减轻机器人的整体重量，提高灵活性和能效。铝合金还可以用于制造机械臂和关节等运动部件，使机器人提高稳定性和可靠性。其缺点是相对于钢材强度较低，可能不适合高强度承载任务。

② 钢。钢以其高强度和耐久性而著名，适用于承受高负荷的应用。它被广泛应用于重型机器人骨架、传动系统、轴承、关节和其他高应力部件。钢的刚性和稳定性使其适用于工业自动化、搬运和组装任务。然而，钢的重量较重，可能会限制机器人的灵活性。

③ 工程塑料。工程塑料如聚酰胺和聚醚醚酮等具备耐磨性、耐化学腐蚀性和良好的力学性能。它们在机器人齿轮、滑轮、导轨等运动部件中表现优异，也用于电气绝缘部件、传感器和外壳，确保机器人在各种环境下稳定运行，其缺点是强度较金属材料低，不适合高强度承载。

④ 硅胶与橡胶。硅胶和橡胶具备良好的柔软性、弹性和耐热性，被广泛用于制作机器人关节、密封件、减振垫和缓冲材料。这些材料有助于降低机器人运动中的冲击和振动，保护敏感部件。该材料在机器人手臂、抓手和其他柔性部件中表现优异，但耐磨性相对较低。

⑤ 陶瓷。陶瓷材料硬度高、耐磨损、耐高温并且电绝缘性好，适用于制造高精度的机器人部件，如切削工具、传感器外壳和电气绝缘体。陶瓷在高温、高压和腐蚀性环境中表现优异，但因其脆性，可能不适合作为需承受冲击的部件。

（3）特殊材料

随着技术的不断发展，一些特殊材料也逐渐在机器人中获得越来越广泛的应用，该类材料在某些性能上具有显著优势，能够满足更高要求的应用需求，主要有以下几种。

① 钛合金。钛合金以高强度、低密度和耐腐蚀性闻名，非常适合用于制造机器人的骨架、关节和外壳。其轻质特性有助于减轻机器人的重量，提高运动性能。但钛合金的加工成本较高。

② 碳纤维复合材料。碳纤维复合材料具有高强度、低重量和耐腐蚀性等特点，适用于需要轻量化和高性能的机器人。它被用于制造机械臂、机身、支架和结构组件，尤其在无人机、手术机器人和实验室自动化设备等高精度领域表现出色，其缺点是成本较高，制造工艺复杂。

③ 超合金。超合金具备极高的强度和耐热性能，适用于在高温环境下使用的机器人部件，如发动机或电机外壳。然而，其材料和加工成本较高，需要仔细权衡。

④ 石墨烯。石墨烯因其卓越的导电性、强度和柔韧性，适合用于制作柔性电路和传感器，为机器人提供精确的控制并使机器人高效运作。其高成本和生产复杂性是主要挑战。

⑤ 形状记忆合金。形状记忆合金在一定温度或压力下可恢复到原始形状，非常适合制造柔性关节和驱动器，为机器人提供更灵活的运动能力。但其成本较高且寿命有限。

在机器人设计和制造中，材料的选择对机器人的性能、寿命和适用范围产生了深远的影响。常见材料和特殊材料各具特点，通过仔细权衡材料的优缺点、应用场景和成本，能够确保机器人在不同任务和环境下的稳定性和可靠性。随着技术的不断进步，新材料的研发和应用将继续推动机器人领域的发展，提升机器人的智能化和性能水平，为未来的创新提供更多可能性。

3.2　机器人机械系统

3.2.1　机器人本体结构设计

机器人本体结构是指其机体结构、驱动系统、传动系统和执行系统等，也是机器人各部分重要的支承基础。在机器人设计及开发中，其本体结构设计往往要充分考虑机器人各系统在实现其基本功能的基础上，做到总体布局、机械选型和彼此兼容更加合理化，以达到机器人的运动、负载和精度等设计要求。

总的来说，本体结构设计应遵循以下基本原则：

① 功能性要求。本体结构方案应能明确体现各个方面的设计指标，实现其功能需求，如电磁隔离、重心调配、工作条件及使用环境等。

② 精密化要求。很多机器人应用于精细操作行业，如焊接、喷涂及装配等，往往有很高的定位精度等性能要求，对与本体结构相关的传动及执行机构精密度要求也越来越高。

③ 可靠性要求。本体结构要安全可靠，才能满足机器人长期工作，不易发生故障，或故障率可控制在一定目标下。

④ 小型化、轻量化要求。机器人传动执行机构的小型化、轻量化，可提高其运动的灵敏度，减少冲击，降低能耗，同时为机器人本体提供更多的内部空间，方便内部的布局和优化。

⑤ 其他特殊要求。对于特种机器人，结合其工作与应用环境，对本体结构往往有特殊要求，如水下机器人的本体结构外观尽量采用流线型减少水阻力，采用防海水腐蚀材料，消防机器人要注意防爆设计等

3.2.2　机器人驱动系统

机器人驱动系统是实现机器人运动和操作的关键部分，它的设计和选择将直接影响到机器人的性能和控制精度。机器人驱动系统设计是一个复杂的过程，不仅要满足主要性能指标要求，还要考虑执行机构与其他结构要素之间的关系，合理地匹配执行机构与驱动元件可以提高

系统的综合性能，降低系统成本。常用的执行机构按运动形式的不同可以划分为直线输出型和转动输出型两大类。与每一类执行机构相匹配的驱动元件既可以是回转型又可以是直线型。

（1）直线输出型机构的驱动

直线型驱动元件如直线步进电机、气压缸、液压缸都可以直接驱动负载，产生直线运动；回转型驱动元件如直流电机、步进电机、交流伺服电机经过一定传动装置将其转动变换成直线运动就实现了直线驱动。表3.1列出了常用的直线型驱动元件和回转型驱动元件的主要特点和适用场合。

表 3.1　常用直线输出型机构驱动元件特点及适用场合

驱动元件	优点	缺点	适用场合
直线步进电机	不需要中间转换机构,运动精度高	尺寸较大,结构复杂,价格昂贵	并联机器人等
气压缸	不需要中间转换机构,运动精度高,结构简单,成本较低	需要动力源等辅件,占地空间大	包装机械等轻工机械等
液压缸	不需要中间转换机构,运动精度高,结构简单	需要动力源等辅件,占地空间大,噪声较大,有环境污染问题,且价格昂贵	并联机器人、包装机械、水下机器人等
回转驱动元件（如直流电机、步进电机、交流伺服电机）	结构紧凑,控制性能好,成本低	需要中间转换机构（如丝杠螺母、齿轮齿条等）	数控机床、并联机器人等

（2）转动输出型机构的驱动

转动输出型机构的驱动是以转动形式运动实现负载的转动运动，既可以使用回转型驱动元件，也可以使用直线型驱动元件。回转型驱动元件主要有电机、气压或液压马达，直线型驱动元件主要为气压或液压缸。表3.2列出了电机、液压马达和液压缸实现转动输出型驱动的特点。

表 3.2　电机、液压马达和液压缸实现转动输出型驱动的特点

驱动元件	优点	缺点	应用
直流电机	调速性强,功率大,成本低,节能环保	需要大传动比减速器,结构复杂	工业机器人、数控机床
液压马达	与负载直接耦合,传动机构简单,结构紧凑,负载刚度大	需要专用液压动力源,对环境有污染,噪声大,成本高	应用较少
液压缸	相较液压马达结构简单,成本低,控制精度高	需通过连杆机构驱动负载,对环境有污染,噪声大	并联机器人、喷漆机器人、水下机器人

3.2.3　机器人传动系统

机器人传动系统是将电动机输出的动力传送到工作单元的系统。其主要功用在于：

① 调速，工作单元速度往往和电动机速度不一致，利用传动机构可达到改变输出速度的目的；

② 调转矩，调整电动机的转矩使其适合工作单元使用；

③ 改变运动形式，电动机的输出轴一般做等速回转运动，而工作单元要求的运动形式

则是多种多样的，如直线运动、螺旋运动等，靠传动机构可以实现运动形式的改变；

④ 实现动力和运动的传递和分配，用一台电动机带动若干个不同速度、不同负载的工作单元。

传动类型主要有：机械传动、流体（液压、气压）传动、电气传动。机械传动形式有齿轮传动、丝杠传动、挠性传动、间歇传动。

机械传动是机器人设计中最普遍的传动方式，本小节按照机械传动形式对机器人的传动系统设计进行介绍。

3.2.3.1 齿轮传动

齿轮传动机构是转矩、转速和转向的变换器，机器人传动系统因其在工作过程中需要降速增扭，故齿轮传动被广泛应用于机器人的传动系统中，图 3.2 所示为齿轮传动的常见结构形式。常见齿轮传动的性能对比见表 3.3。

(a) 圆柱齿轮

(b) 蜗轮蜗杆

(c) 锥齿轮

(d) 行星齿轮

(e) 旋转矢量减速器

(f) 谐波齿轮

图 3.2　常见齿轮传动的结构形式

表 3.3　常见齿轮传动的性能对比

减速器类型	减速比		传动效率	输出力矩	体积	刚度	传动精度	可靠性
	单级	两级						
圆柱齿轮	1～5	3～30	0.6～0.9	小	很大	一般	较低	一般
蜗轮蜗杆	8～80		0.7～0.9	小	大	一般	一般	较差
锥齿轮	3～6	10～50	0.6～0.9	小	大	一般	一般	一般
行星齿轮	3～12	9～144	0.8～0.95	中	大	一般	一般	一般
旋转矢量减速器	57～153		0.9～0.94	大	中	一般	高	一般
谐波齿轮	50～160		0.7～0.9	中	小	一般	高	一般

3.2.3.2　丝杠传动

（1）丝杠螺母传动

丝杠螺母传动是一种通过旋转丝杠驱动螺母沿轴向移动的机械传动方式。它的主要优点包括高刚性、高稳定性以及适用于多种应用场景。丝杠螺母传动广泛应用于数控机床、工业机器人、打印机、纺织机械等机械设备中。然而，丝杠螺母传动也存在精度低、摩擦大、效率低等缺点。

（2）滚珠丝杠传动

滚珠丝杠是一种精密的传动元件，可以将旋转运动转化为直线运动，或将直线运动转化为旋转运动。它由丝杠、螺母、滚珠和反向器等四部分组成，如图3.3所示。丝杠转动时，滚珠沿螺纹滚道滚动，以实现运动传递。滚珠丝杠具有高精度、高效率、高逆向性、低摩擦阻力等优点，广泛应用于各种工业设备和精密仪器，如数控机床、工业机器人、打印机、纺织机械等。

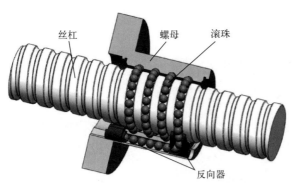

图3.3　滚珠丝杠结构模型

滚珠丝杠的工作原理可以细分为三个主要过程：

① 旋转运动转化为直线运动。当丝杠旋转时，滚珠在丝杠和螺母之间的螺旋槽中滚动，将旋转运动转化为直线运动。这是因为丝杠的螺旋槽和螺母的螺旋槽之间存在间隙，当丝杠旋转时，滚珠在螺旋槽中滚动，由于滚珠具有弹性变形，它会将螺旋槽之间的间隙填满，从而推动螺母沿丝杠轴向移动，将旋转运动转化为直线运动。

② 滚珠的循环运动。为了使滚珠能够持续地在丝杠和螺母之间滚动，需要保证滚珠能够从螺母侧返回丝杠侧。这个过程是通过反向器实现的。反向器是一种具有特殊螺旋槽的零件，它与丝杠和螺母之间都存在间隙。当滚珠到达螺母的末端时，反向器会将滚珠引导回螺母的起始端，从而实现滚珠的循环运动。

③ 力和转矩的传递。滚珠丝杠能够传递力和转矩，这是通过丝杠、螺母和滚珠之间的接触实现的。在传递过程中，滚珠承受传递的力和转矩，并将其传递到螺母上，从而实现力的传递和转矩的传递。滚珠的作用是减小摩擦力和磨损，提高滚动效率和精度。

3.2.3.3　挠性传动

根据挠性件的类型，挠性传动主要有带传动、链传动、绳传动，挠性件分别为传动带、链条、传递绳。根据传动原理的不同，又分为摩擦型传动和啮合型传动。

（1）带传动

带传动根据截面形状的不同可分为平带传动、V带传动、多楔带传动。表3.4为各种带传动的优缺点和适用领域。

表 3.4　各种带传动的优缺点和适用领域

带传动类型	优点	缺点	适用领域
平带传动	结构简单,传动效率高,制造简单	易打滑	纺织、木材和造纸工业等
V 带传动	结构紧凑,能缓冲减振,有过载保护,型号标准化	传动比不严格,效率低,使用寿命短	汽车制造业和工业机械等
多楔带传动	结构紧凑,运转平稳,传递功率大	传动精度低,安装难度大	汽车制造业、物流传送设备等
同步带传动	传动比恒定,效率高,传动平稳	成本高,制造和安装要求高	汽车制造业、轻工、化工等

带传动在应用时首先应考虑安装问题,安装带时,先将其套在小带轮的轮槽中,然后再套在大带轮上,边转动大带轮,边用螺钉旋具将带拨入带轮槽中。带在轮槽中的位置应略高于轮槽底部,不应陷入槽底或凸出轮槽太高。装带时,带的张紧力必须适当。一般说来,在安装新带时,其初拉力要比正常的张紧力大,这样,在工作一段时间后,才能保持一定的张紧力。张紧力一般要求用手能压下带 15mm 左右为宜。

（2）链传动

链传动是一种具有挠性性质的传动方式,它由两个链轮和绕在两轮上的中间挠性件——链条所组成。靠链条与链轮之间的啮合来传递两平行轴之间的运动和动力。

如图 3.4 所示,链传动由两个轴向平行的大、小链轮和链条组成。链传动与带传动有相似之处,链传动的链条相当于带传动中的挠性带,但链传动不是靠摩擦力传动,而是靠链轮轮齿和链条之间的啮合来传动的。因此,链传动是一种具有中间挠性件的啮合传动。链的种类繁多,按用途不同,链可分为传动链、起重链和输送链 3 类。

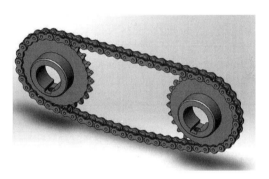

图 3.4　链传动

在一般机械传动装置中,常用链传动,根据结构的不同,传动链又可分为:套筒链、滚子链、弯板链和齿形链等。其中,传动用短节距精密滚子链应用范围最广。

链传动主要用在工作要求可靠,工作条件恶劣,且两轴相距较远,以及其他不宜采用齿轮传动的场合,如农业机械、建筑机械、石油机械、采矿机械、起重机械、金属切削机床、摩托车、自行车等。链传动属于中低速传动:传动比 $i \leqslant 6(i=2\sim4)$, $P \leqslant 100\text{kW}$, $v \leqslant 15\text{m/s}$。链传动不适合在冲击与急促反向等情况下使用。

（3）绳传动

绳传动具有结构简单、传动刚度大、结构柔软、成本较低、噪声低等优点。其缺点是绳轮较大,安装面积大,加速度不宜太高。

3.2.3.4　间歇传动

常用的间歇传动机构有棘轮传动、槽轮传动、蜗轮蜗杆传动等。这些传动机构可将原动机构的连续运动转换为间歇运动。其基本要求是移位迅速、移位过程中运动无冲击,停位准确可靠。图 3.5 为间歇传动示意图,图（a）为棘轮传动,图（b）为槽轮传动,图（c）为蜗轮蜗杆传动,表 3.5 为三种间歇传动的特点对比。

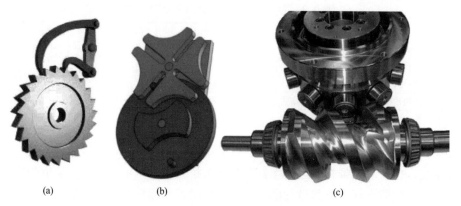

(a)   (b)   (c)

图 3.5   间歇传动

表 3.5   三种间歇传动的特点对比

间歇传动类型	优点	缺点	适用场合
棘轮传动	结构简单,制造方便,运动可靠	工作时有较大的冲击和噪声,精度低	牛头刨床、变速器和发动机等
槽轮传动	结构简单,转位迅速,传动效率高	转位产生冲击,定位精度低,制造和装配精度要求高	电影放映机、转塔车床、光盘生产等
蜗轮蜗杆传动	定位精度高,刚度高,装配方便	加工工作量大,成本高	电子与轻工机械等

3.2.4   机器人执行系统

机器人执行系统由各种执行元件组成。执行元件一般有电动式、液动式和气动式等几种类型，如图 3.6 所示。电动式是将电能变成电磁力驱动机械执行机构运动的。液动式是先将电能变换为液压能并用电磁阀改变压力油的流向，从而使液压执行元件驱动机械执行机构运

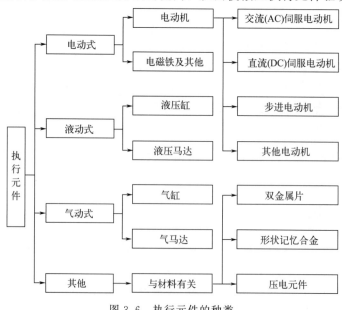

图 3.6   执行元件的种类

动。气动式与液动式的原理相同，只是将介质由油改为气体而已。其他执行元件与所使用的材料有关，如使用双金属片、形状记忆合金或压电元件等。

（1）电动式执行元件

电动式执行元件有控制用电动机（步进电动机、DC 和 AC 伺服电动机）、静电动机、磁致伸缩器件、压电元件、超声波电动机以及电磁铁等。其中，利用电磁力的电动机、电磁铁，因其实用性而成为常用的执行元件。对控制用电动机的性能除了要求稳速运转之外，还要求具有良好的加速、减速和伺服等动态性能以及频繁使用时的适应性和便于维修性。

另外，其他电动式执行元件中还有微量位移用器件，例如：①电磁铁——由线圈和衔铁两部分组成，结构简单，由于是单向驱动，故需用弹簧复位，用于实现两固定点间的快速驱动；②压电驱动器——利用压电晶体的压电逆效应来驱动执行机构作微量位移；③电热驱动器——利用物体（如金属棒）的热变形来驱动机械运动机构的直线位移，用控制电热器（电阻）的加热电流来改变位移量。

如图 3.7 所示为大疆无人机，其采用的是电机驱动螺旋桨。

（2）液动式执行元件

液动式执行元件主要包括往复运动液压缸、回转液压缸、液压马达等，其中液压缸占绝大多数。世界上开发了各种数字式液动执行元件，例如电-液伺服电动机和电-液步进电动机。这些电-液式电动机的最大优点是比电动机的转矩大，可以直接驱动机械运动机构，转矩惯量比大，过载能力强，适合于重载的高加减速驱动。因此，电-液式电动机在强力驱动和高精度定位时性能好，而且使用方便。对一般的电-液伺服系统，可采用电-液伺服阀控制液压缸的往复运动。比数字伺服式执行元件便宜的是用电子控制电磁阀开关的开关式伺服机构，其性能适当，而且对液压伺服

电机驱动螺旋桨

图 3.7　大疆无人机

起辅助作用。如图 3.8 所示为沈阳自动化研究所研发的 7 功能主从伺服液压机械手。

（3）气动式执行元件

气动式执行元件除了用压缩空气作为工作介质外，与液动式执行元件没有什么区别。具有代表性的气动式执行元件有气缸、气马达等。气压驱动虽可得到较大的驱动力、行程和速度，但由于空气黏性差，具有可压缩性，故不能在定位精度较高的场合使用。如图 3.9 所示为物流行业一种分拣机器人，其采用气动式吸盘装置来完成抓取、搬运等工作。

表 3.6 列出了各种执行元件的要求及优缺点。

图 3.8　7 功能主从伺服液压机械手

气动吸盘

图 3.9　分拣机器人

表 3.6　执行元件的要求及优缺点

种类	要求	优点	缺点
电动式	可使用商用电源；信号与动力的传送方向相同；有交流和直流之分，应注意电压的大小	操作简便；编程容易；能实现定位伺服控制；响应快；体积小，动力较大；无污染	瞬时输出功率大；过载能力差，特别是由于某种原因而卡住时，会引起烧毁事故；易受外部噪声影响
气动式	空气压力源的压力为 0.5～0.7MPa，要求操作人员技术熟练	气源获取方便，成本低；无泄漏污染；速度快，操作比较简单	功率小，体积大，动作不够平稳；不易小型化；远距离传输困难；工作噪声大，难于伺服控制
液动式	要求操作人员技术熟练，液压源压力为 2～8MPa	输出功率大，速度快，动作平稳；可实现定位伺服控制；易与中央处理器（CPU）相接；响应快	设备难于小型化；液压源或液压油要求（杂质、温度、油量、质量）严格，易泄漏且有污染

3.3　机器人感知系统

　　机器人感知系统是一种集成了多种传感器技术的系统，用于帮助机器人感知周围环境和获取信息。机器人感知系统的目标是模拟人类感知系统，通过传感器采集环境中的信息，然后通过算法和模型进行数据处理和分析，从中提取有用的信息并做出相应的决策。通过感知系统，机器人可以感知到自身周围的物体、人、声音、温度、湿度等各种环境信息，并据此做出相应的行为，从而实现对环境的理解和对任务的执行。

　　在机器人技术的研究中，机器人感知系统一直都是研究的焦点之一。机器人感知系统的意义在于为机器人提供对周围环境的准确感知能力，使其能够更好地与环境进行交互和执行任务。以下是机器人感知系统的几个重要意义：

　　① 提供环境理解能力。机器人感知系统可以帮助机器人感知和理解周围的物体、人、声音等环境信息，从而能够更好地适应和应对环境变化。

　　② 改善安全性。感知系统可以帮助机器人识别危险和障碍物，避免碰撞和发生意外。比如，自动驾驶汽车使用感知系统来监测道路状况和其他车辆，从而提高行驶安全性。

　　③ 实现自主决策。通过感知系统获取环境信息后，机器人可以利用算法和模型对数据进行处理和分析，做出相应的决策。这使得机器人能够自主地执行任务和应对各种情况。

　　④ 提高任务执行能力。感知系统可以帮助机器人准确地获取任务所需的信息，提高任务执行的准确性和效率。

　　⑤ 辅助人类工作。机器人感知系统可以协助人类完成一些繁重、危险或精细的任务。

3.3.1　机器人传感器特点及分类

3.3.1.1　传感器概述

　　传感器是一种能够感知和传递物理量信息的装置。它们能够将物理量转换成电信号，从而可以被记录、分析和处理。通常由敏感元件、转换元件、转换电路和辅助电源四个部分组成，如图 3.10 所示。

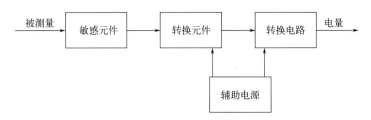

图 3.10　传感器一般组成

敏感元件是传感器中直接感受被测量并输出与被测量有确定关系的物理量信号的部分。它们能够响应特定的物理量，例如力、速度、温度、湿度等，并将其转换成能够被转换元件接收的信号。

转换元件的作用是将敏感元件输出的物理量信号转换成电路参数，例如电阻、电容、电感等。这个过程通常涉及一些转换电路，例如放大器、滤波器、运算放大器等，以实现对敏感元件输出的信号进行放大、滤波、运算等处理。

转换电路的作用是将转换元件输出的电信号进行进一步的处理和转换，以实现电路参数的转换，并将最终的电量输出。这个过程可能需要进行一些信号处理，例如线性化、调制等。

辅助电源的作用是为传感器提供必要的能量，以支持传感器的正常运行。

传感器的组成和原理是基于对物理量的敏感和转换过程，通过敏感元件、转换元件、转换电路和辅助电源的协同作用，实现对被测量的感知和转换。

3.3.1.2　传感器分类

传感器种类繁多，分类方法也很多，主要有以下两种：按检测对象分类、按工作原理分类。

（1）按检测对象分类

根据检测对象不同，传感器分为内部传感器和外部传感器两种，如图 3.11 所示。

内部传感器用于检测机器人自身状态的参数，如工业机器人各关节的位置、速度和加速度等。该类传感器安装在机器人内部，用来感知机器人自身的状态，并将所测得的信息作为反馈信息送至控制器，形成闭环控制。内部传感器通常由位置、速度及加速度传感器等组成。

外部传感器用于获取机器人的作业对象及外界环境等方面的信息，是机器人与周围交互工作的信息通道，包括视觉、接近觉、触觉、力觉等传感器，可获得距离、声音、光线等信息。

（2）按工作原理分类

该分类方法以工作原理进行划分，将物理、化学、生物等学科的原理、规律和效应作为划分依据。诸如利用压电效应、磁致伸缩现象以及热电、光电、磁电、极化等原理感受被测信号的传感器，应用的是物理原理，利用化学吸附、电化学反应原理，将被测信号量的微小变化转换成电信号的传感器，应用的是化学原理。该分类方法的优点是传感器的工作原理表述清楚且类别相对较少，便于对传感器进行深入研究和分析，但是不便于使用者根据用途选用。如表 3.7 所示为传感器按原理分类。

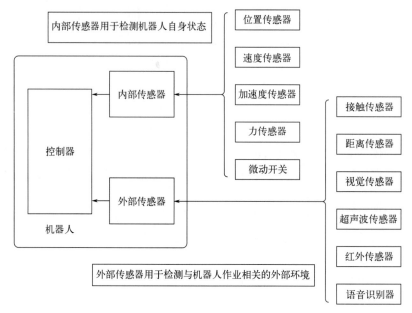

图 3.11　传感器按检测对象分类

表 3.7　传感器按原理分类

类型		工作原理	典型应用
电阻式	电阻应变片	利用应变片的电阻值变化	力、压力、加速度、力矩、应变、位移、载重
	固体压阻式	利用半导体的压阻效应	压力、加速度
	电位器式	移动电位器触点改变电阻值	位移、力、压力
电感式	自感式	改变磁阻	力、压力、振动、液位、厚度、线位移、角位移
	互感式	改变互感(互感变压器、旋转变压器)	
	涡流式	利用电涡流现象改变线圈自感或阻抗	位移、厚度、探伤
	压磁式	利用导磁体的压磁效应	力、压力
	感应同步器	两个平面绕组的互感随位置不同而变化	速度、转速
磁电式	磁电感应式	利用半导体和磁场相对运动的感应变化	速度、转速、转矩
	霍尔式	利用霍尔效应	位移、力、压力、振动
	磁栅式	利用磁头读取不同位置磁栅上的磁信号	长度、线位移、角位移
压电式	正压电式	利用压电元件的正压电效应	力、压力、加速度、表面粗糙度
	声表面波式		力、压力、角速度、位移
电容式	电容式	改变电容量	位移、加速度、力、压力、液位、含水量、厚度
	容栅式	改变电容量或加以激励产生感应电动势	位移
光电式	一般形式	改变光路的光通量	位移、温度、转速、浑浊度
	光栅式	利用光栅形成的莫尔条纹变化	位移、长度、角度、角位移
	光纤式	利用光导纤维的传输特性或材料的效应	位移、加速度、速度、水声、温度、压力
	光学编码器	利用光线衍射、反射、透射引起的变化	线位移、角位移、转速
	固体图像式	利用半导体集成器件阵列	图像、文字、符号、尺寸
	激光式	利用激光干涉、多普勒效应、衍射	长度、位移、速度、尺寸
	红外式	利用红外辐射的热效应或光电效应	温度、探伤、气体分析

续表

类型		工作原理	典型应用
热电式	热电偶	利用热电效应	温度
	热电阻	利用金属的热电阻效应	温度
	热敏电阻	利用半导体的热电阻效应	温度

3.3.1.3　传感器性能指标

选用传感器时应考虑目的、使用环境、被测对象、期望精度和信号处理等，这里通常要从传感器的性能指标进行综合考虑。传感器的性能指标主要包括以下几个方面：

① 测量范围和量程。传感器的测量范围是指其能够测量的最小值和最大值，而量程则是传感器能够测量的范围。例如，一个温度传感器的测量范围可能是 $-40℃$ 至 $+85℃$，而其量程可能是 $0℃$ 至 $100℃$。

② 分辨率和精度。分辨率是指传感器能够检测到的最小变化量，通常以输出信号的变化量表示。精度则是指传感器测量结果的准确程度，通常用相对误差和绝对误差表示。高分辨率和精度意味着传感器能够感知到小的变化量并给出准确的测量结果。

③ 灵敏度。灵敏度是指传感器的输入振动量 x 与由 x 引起的输出信号 y 的函数关系，即 $s=y/x$。高的灵敏度意味着传感器对输入的振动量有更强的响应能力。

④ 频率响应。频率响应是指传感器对不同频率的输入信号的响应能力。传感器的频率响应曲线通常会给出在一定频率范围内传感器的灵敏度。

⑤ 响应时间。响应时间是指传感器对不同相位信号的响应能力。相位延迟或相移参数通常用来描述传感器的相位响应特性。

⑥ 线性范围。线性范围是指传感器的输出信号与输入信号之间的线性关系的范围。线性范围通常被表示为百分比或数量级。

⑦ 稳定性。稳定性是指传感器在长时间工作或存储后，其性能保持恒定的能力。如果传感器的性能随时间变化，那么它的稳定性就较差。

⑧ 可靠性。可靠性是指传感器在规定条件下在规定运行时间内无故障运行或达到既定目标的概率。可靠性通常通过平均故障间隔时间（MTBF）来描述。

⑨ 温度和湿度适应性。某些应用场景可能需要传感器能够在极端温度和湿度条件下工作。因此，传感器的性能指标通常会包括其在不同温度和湿度条件下的性能表现。

⑩ 安全性。对于某些应用场景，如医疗、航空航天等，传感器的安全性至关重要。因此，性能指标通常包括其在不同环境条件下的安全性和可靠性。

⑪ 可维护性。对于一些应用场景，如工业生产等，传感器的可维护性也是一个重要的考虑因素。传感器的可维护性通常包括其更换部件的便利性、可维修性以及维护成本等方面。

3.3.1.4　常用于机器人的传感器

常用于机器人的传感器有位置传感器、位移传感器、机器人视觉传感器、力传感器，它们的具体分类如图 3.12 所示。

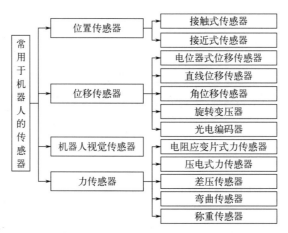

图 3.12　常用于机器人的传感器

位置传感器在机器人控制系统中具有重要的作用，可以用来检测和控制机器人的运动轨迹和姿态。接触式传感器常用于行程开关，如图 3.13 所示，图（a）为直动式行程开关，图（b）为滚动式行程开关，图（c）为微动式行程开关。接近式传感器常用于接近开关，如光电式接近开关、涡流式接近开关、电容式接近开关、霍尔式接近开关等。

(a)　　　　　　　　　(b)　　　　　　　　　(c)

图 3.13　行程开关模型

位移传感器又称为线性传感器，是一种金属感应的线性器件，其作用是将各种被测物理量（线位移或角位移）转换为电量。小位移通常用应变式、电感式、差动变压式、涡流式、霍尔式传感器来检测；大位移常用感应同步器及光栅、容栅、磁栅等传感器来测量。

视觉是人类感受与认知世界的主要手段之一，视觉获取的信息相较于其他感觉而言更加直观、全面、丰富。机器人视觉系统主要包括光源、镜头、相机、信息处理器、信息算法软件等部分。视觉传感器主要为相机和镜头，工作时，物体反射光源光线，通过镜头在相机中成像，通过图像处理得到需要的信息。

力传感器是一种能够测量力值的设备，通常由力敏元件和转换元件组成。力传感器可以用于测量张力、拉力、压力、重量、扭矩、内应力和应变等力学量，被广泛应用于工业自动化、机器人、交通运输、医疗诊断等领域。

如图 3.14 所示，为海马号遥控潜水器（ROV）图解，清晰地标出了各传感器的位置。

3.3.2　多传感器信息融合

3.3.2.1　信息融合的定义

信息融合是一种多级别、多来源的信息综合处理技术，它可以将不同时间与空间的传感

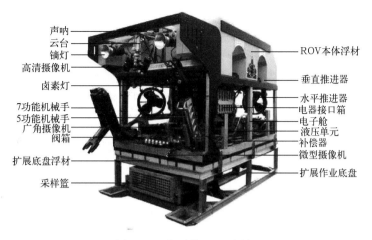

图 3.14　海马号 ROV 图解

器数据资源进行综合，以获得更详细、更精确、更可靠的目标信息。这个定义主要包含两层含义：

① 多源信息融合。它涉及多个不同来源的信息，包括传感器、数据、信号等。这些信息可能来自不同的时间、空间和领域，如军事、医疗、金融等。

② 融合过程。信息融合是一个多级别的处理过程，包括数据的采集、预处理、特征提取、信息关联、估计与决策等。这个过程涉及多个领域的知识，如信号处理、模式识别、数据挖掘等。

信息融合的目标是从这些多源信息中提取有价值的信息，并进行综合分析和解释，以提供更全面、准确和可靠的信息支持。这种信息处理技术可以提高系统的感知精度、增加感知范围、提高系统可靠性和降低成本等，因此在现代社会的各个领域都具有重要的应用价值。

3.3.2.2　信息融合的四个环节

（1）信息层融合

信息层融合是信息融合的最低层次，主要针对原始信息进行融合。它通过对来自多个传感器的原始信息进行综合处理，提取出有价值的特征和关联信息。信息层融合通常包括数据关联、特征提取和数据集中等处理过程。这个层次的融合主要关注数据的准确性和完整性，常用的技术包括数据清洗、滤波、压缩等。例如，在目标检测中，多个传感器可以同时采集到目标的图像信息，信息层融合可以将这些图像信息进行融合，提取出目标的特征和轮廓，从而提高目标检测的准确性和可靠性。

（2）决策层融合

决策层融合是信息融合的较高层次，主要针对各个传感器所作出的决策进行融合。在这个层次中，每个传感器已经对采集到的信息进行了初步的处理和决策，形成了各自的决策结果。决策层融合将这些独立的决策结果进行综合分析，得出更加准确和可靠的决策结果。这个层次的融合主要关注决策的准确性和可靠性，常用的技术包括贝叶斯推理、D-S 证据理论、决策融合算法等。例如，在人脸识别中，多个传感器可以分别对人脸的不同部位进行识别，如眼睛、鼻子、嘴巴等。决策层融合可以将这些独立的识别结果进行综合分析，得出更加准确的人脸识别结果。

（3）局部最优解

在信息融合的过程中，往往存在多个传感器之间信息冲突或者不确定的情况，这时就需要在局部范围内寻找最优解。在信息融合中，局部最优解通常是指在某个传感器所提供的局部信息范围内的最优解。这个最优解可以是基于统计学习、决策树、神经网络等算法的输出结果。例如，在路径规划中，多个传感器可以同时探测到障碍物的位置和形状，局部最优解可以在每个传感器所提供的局部信息范围内找到最优的路径规划方案。

（4）全局最优解

全局最优解是指在考虑所有相关信息的情况下，能够找到最优的解决方案。在信息融合中，全局最优解通常是基于所有传感器所提供的信息的综合分析得出的最优解。全局最优解通常需要借助一些优化算法（如动态规划、遗传算法、模拟退火等）来求解。全局最优解能够综合考虑所有信息，因此比局部最优解更具有优越性和准确性。例如，在目标跟踪中，多个传感器可以同时探测到目标的运动轨迹和速度等信息，全局最优解可以在所有传感器所提供的信息的基础上，综合考虑目标的运动轨迹和速度等因素，得出最优的目标跟踪方案。

在信息融合的过程中，局部最优解和全局最优解的求解是非常重要的环节，它们能够为最终的决策提供有力支持。

3.3.2.3 信息融合的方法

（1）加权平均法

加权平均法是一种简单易行的方法，它通过对多个传感器的测量结果进行加权平均，得到最终的融合结果。具体来说，假设有 n 个传感器，每个传感器都有对应的权值 w_1，w_2，…，w_n，那么最终的融合结果就是

$$y = (w_1 x_1 + w_2 x_2 + \cdots + w_n x_n)/(w_1 + w_2 + \cdots + w_n)$$

其中，x_i 表示第 i 个传感器的测量结果，y 表示最终的融合结果。

加权平均法的优点是简单易行，计算量小，适用于传感器数量较少的情况。但是，它没有考虑到传感器之间的空间和时间相关性，因此对于复杂的情况可能不够准确。

（2）卡尔曼滤波法

卡尔曼滤波法是一种基于统计估计的方法，它通过对每个传感器的测量结果进行统计建模，得到每个传感器的预测值和误差协方差，然后通过卡尔曼增益进行加权平均，得到最终的融合结果。

卡尔曼滤波法的优点是能够考虑到传感器之间的空间和时间相关性，对于动态系统具有较强的适应性。但是，卡尔曼滤波法需要知道每个传感器的统计模型和初始状态，对于难以得到准确的统计模型和初始状态的情况不适用。

（3）贝叶斯推理法

贝叶斯推理法是一种基于概率论的方法，它通过对每个传感器接收到的信息进行概率建模，得到每个传感器的后验概率分布，然后通过对这些后验概率分布进行加权平均，得到最终的融合结果。

贝叶斯推理法的优点是能够考虑到传感器之间的空间和时间相关性，对于不确定的情况具有较强的适应性。但是，贝叶斯推理法需要知道每个传感器的概率模型和初始状态，对于

某些难以得到准确的概率模型和初始状态的情况不适用。

（4）神经网络法

神经网络法是一种基于人工智能的方法，它通过模拟人脑神经元的结构和工作方式，构建出一个由多个神经元组成的网络，通过对每个传感器接收到的信息进行特征提取和加权平均，得到最终的融合结果。

神经网络法的优点是能够自动提取出数据的特征并进行融合，具有较强的自适应性。但是，神经网络法需要大量的训练数据和计算资源，对于实时性要求较高的应用可能难以满足要求。

（5）D-S 证据理论法

D-S 证据理论法是一种基于概率论的方法，它通过对每个传感器接收到的信息进行信任度的分配和更新，得到每个传感器的信任函数，然后通过对这些信任函数进行融合，得到最终的信任函数。

D-S 证据理论法的优点是能够处理不确定的信息并进行融合，具有较强的适应性。但是，D-S 证据理论法需要人工指定信任度的初始值和证据间的冲突因子，对于某些可能难以得到准确的初始值和冲突因子的情况不适用。

如表 3.8 所示，为几种信息融合方法在精确度、算法的稳定性、算法的复杂度上的比较。

表 3.8　不同信息融合算法比较

信息融合方法	精确度	稳定性	复杂度
加权平均法	低	稳定	简单
卡尔曼滤波法	较高	较稳定	较简单
贝叶斯推理法	较高	一般	较复杂
神经网络法	高	不稳定	复杂
D-S 证据理论法	较低	较稳定	复杂

3.3.2.4　多信息融合的优缺点

多传感器信息融合是一种将多个传感器获取的信息进行综合处理和分析的技术。它的优点主要包括以下几点。

（1）提高探测灵敏度

通过结合多个传感器的信息，可以增加探测的灵敏度，提高目标检测的准确性和可靠性。例如，在声音探测系统中，多个传感器可以同时探测目标的声音，从而提高探测的灵敏度。

（2）冗余性

多个传感器可以提供冗余信息，当其中一个传感器失效时，系统仍然能够通过其他传感器获取信息，提高了系统的可靠性和稳定性。例如，在自动驾驶系统中，多个摄像头和传感器可以同时探测车辆周围的环境，当其中一个传感器失效时，系统仍然能够通过其他传感器获取信息。

（3）信息互补性

多个传感器可以提供互补的信息，增加对目标的描述信息。例如，在人脸识别系统中，多个传感器可以同时探测人脸的不同特征，如面部轮廓、眼睛、鼻子等，这些特征可以相互补充，提高人脸识别的准确性。

（4）分层结构

多传感器信息融合系统通常具有信息分层的结构特性，即先将局部的传感器信息进行局部融合，然后再进行全局融合。这种分层结构可以降低通信和计算的代价，提高系统的效率。例如，在智能交通监控系统中，可以先将各个摄像头的视频信息进行局部融合，如时间同步、坐标转换等，然后再进行全局融合，如目标检测、轨迹跟踪等。

（5）实时性

多传感器信息融合可以降低对单个传感器的数据率要求，从而使得系统能够更好地应对高速运动的情况。例如，在汽车自动驾驶系统中，多个传感器可以同时探测车辆周围的环境，包括前方道路、交通信号灯、行人等，这些传感器获取的信息可以进行实时融合和处理，实现汽车的自动驾驶。

然而，多传感器信息融合也存在一些缺点：

（1）数据冲突和冗余

多个传感器获取的数据可能存在冲突和冗余，需要进行有效的融合处理。例如，在多个摄像头组成的监控系统中，不同摄像头获取的目标图像可能存在重叠或重复的情况，需要进行有效的融合处理。

（2）计算量大

多传感器信息融合需要进行大量的计算和数据处理，需要使用高性能的计算设备和算法。例如，在图像处理领域中，对多张图片进行特征提取、目标检测和识别等操作需要进行大量的计算和数据处理。

（3）系统容错性差

多传感器信息融合系统虽然能够提供冗余信息，但是其系统容错性相对较低，对传感器的可靠性和系统的稳定性要求较高。例如，在卫星导航系统中，多个卫星接收机同时接收信号并进行信息融合可以提高定位的精度和可靠性，但是任何一个卫星接收机出现故障都可能导致整个系统的失效。

（4）需要有效的融合算法

多传感器信息融合需要有效的融合算法，对原始数据进行处理和综合，从而实现有效的目标检测和识别。例如，在声音信号分析中，需要对多个麦克风获取的声音信号进行时域、频域等多方面的分析处理和综合判断，这需要采用有效的信号处理算法。

3.3.3 智能传感测量系统

3.3.3.1 智能传感测量系统组成及工作流程

（1）智能传感测量系统

智能传感测量系统是一种集成了传感器、信号处理和控制功能的设备，能够感受被测量的信息，并按照一定的规律进行转换和处理，以满足信息的传输、处理、存储、显示、记录和控制等要求。

　　它采用了先进的传感器技术、数字信号处理技术以及网络通信技术，具有自动化、精度高、稳定性好、适应性强的特点。智能传感测量系统能够检测多种物理量或化学物质，例如温度、湿度、压力、位移、速度、气体浓度等，并能进行量程自动转换、非线性和频率响应等自动补偿，对环境影响的自适应、自学习以及超限报警、故障诊断等。

　　与传统传感器相比，智能传感器具有更高的精度、可靠性和稳定性，以及更强的自适应性和更高的性能价格比。它不仅可以用于环境监测、工业自动化、智能家居等领域，还可以用于人体生理指标监测和交通管理等领域的智能化控制和管理。

　　近年来，随着物联网技术的快速发展，智能传感测量系统也逐渐成为物联网的重要组成部分。通过与云计算、大数据等技术的结合，可以实现更广泛、更高效的监测和管理，为各个领域的发展提供更好的支持。

　　（2）智能传感测量系统组成

　　智能传感测量系统主要由传感器、信号调理电路、微处理器和通信接口等组成。

　　① 传感器。传感器是智能传感测量系统的核心部件之一，它可以感受被测量的信息，并按照一定的规律进行转换和处理。传感器能够检测多种物理量或化学物质，例如温度、湿度、压力、位移、速度、气体浓度等。

　　② 信号调理电路。信号调理电路的作用是对传感器输出的信号进行放大、滤波、数字化处理等操作，以便于微处理器进行分析和控制。信号调理电路还可以对传感器进行校准、线性化和温度补偿等操作，以提高系统的测量精度和稳定性。

　　③ 微处理器。微处理器是智能传感测量系统的核心部件之一，它可以对数字信号进行处理和控制。微处理器通过编写程序来实现对传感器输出信号的处理和控制，并将处理结果传送到通信接口。微处理器还可以对系统进行自检和故障诊断等操作，以提高系统的可靠性和稳定性。

　　④ 通信接口。通信接口的作用是将微处理器处理后的信号传输到其他设备或云端服务器。通信接口可以采用多种不同的通信协议，例如 RS-232、RS-485、CAN（控制器局域网）总线、TCP/IP（传输控制协议/网际协议）等。

　　（3）智能传感测量系统工作流程

　　如图 3.15 所示为智能传感测量系统流程图，智能传感测量系统的工作流程通常如下：

图 3.15　智能传感测量系统流程

　　① 传感器检测被测量的信息，并将其转换为电信号。

　　② 信号调理电路对电信号进行放大、滤波、数字化处理等操作，并将处理后的信号传输到微处理器。

　　③ 微处理器对信号进行计算、存储、数据分析处理等操作，并将处理结果传送到通信接口。

　　④ 通信接口将处理后的信号传输到其他设备或云端服务器。

3.3.3.2　智能传感测量系统的关键技术

智能传感测量系统的关键技术主要包括以下几个方面。

（1）传感器技术

当前智能传感测量技术不断提高，新型传感器不断涌现，具有更高的精度、可靠性和稳定性。例如，基于 MEMS（微机电系统）技术的压力传感器、光学传感器、RFID（射频识别）等具有小型化、低成本、易集成等优点，能够满足不同领域的应用需求。

（2）信号调理技术

信号调理技术不断发展，使其能够实现更高的信号质量和稳定性，例如采用新型放大器、滤波器、模数转换器等器件，实现更宽的带宽、更高的增益、更低的噪声等指标。

（3）微处理器技术

当前微处理器技术不断发展，采用低功耗、高性能的处理器芯片，能够实现更高的运算速度、更低的功耗和更强的数据处理能力。

（4）通信技术

当前通信技术不断发展，采用多种不同的通信协议，例如蓝牙、Wi-Fi（无线保真）、ZigBee、LoRa 等，能够实现更高速率、更远距离、更低功耗等指标。

（5）数据处理和分析技术

智能传感测量系统能够对获取的数据进行处理和分析，采用人工智能、机器学习等技术，能够实现数据挖掘、预测和优化等应用。例如，基于深度学习的图像识别技术能够识别产品缺陷、检测环境污染物等。

3.3.3.3　智能传感测量系统的案例应用与分析

工业应用：过程控制与监测是智能传感测量系统的重要应用领域之一，它可以实现对工业生产过程中的温度、压力、液位、流量等参数进行实时监测和控制，以确保生产过程的稳定性和产品质量。

环境应用：智能传感测量系统能够实现对水质的实时监测和分析，包括 pH 值、电导率、浊度、溶解氧量、氨氮量等参数，以确保水源的安全性和可靠性。

健康管理应用：智能传感测量系统能够通过监测和分析个体的生理数据，评估其健康状况，并预测未来可能出现的健康问题。传统的健康监测方法存在着不便、不及时等问题，无法满足现代人对健康管理的要求。采用智能传感测量系统能实现对个人生理数据的实时监测和分析，提供个性化的健康管理和预测，成为现代健康监测的重要趋势。

以环境应用中的智能水质监测系统为例，进行具体的应用分析。

案例：智能水质监测系统

（1）应用场景：水质监测

如图 3.16 所示，为水质监测无人艇。

（2）需求分析

江、河、湖等水域需要实时监测营养盐类含量的变化，以免水体富营养化发生水华。传统的水质监测方法存在着烦琐、费力、不及时等问题，无法满足现代化的需求。因此，采用智能传感测量系统实现对水质的实时监测和分析，提高水质监测的准确性和效率。

（3）系统构成

① 传感器。采用多种传感器，包括 pH 传感器、电导率传感器、浊度传感器、溶解氧传感器、氨氮传感器等，能够检测水质的多种参数，并将其转换为电信号输出。

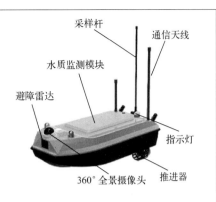

图 3.16 水质监测无人艇

② 信号调理电路。对传感器输出的信号进行放大、滤波、数字化处理等操作，以便于微处理器进行分析和控制。

③ 微处理器。采用高性能的微处理器芯片，能够对数字信号进行处理和分析，并将处理结果传输到通信接口。

④ 通信接口。采用高速、稳定的通信接口，例如 Wi-Fi、4G（第四代移动通信技术）等，将微处理器处理后的信号传输到云端服务器或其他设备。

⑤ 数据存储和分析系统。建立数据存储和分析系统，能够对采集的数据进行存储、分析和可视化展示，例如绘制水质参数曲线图等。

⑥ 报警装置。设置报警装置，例如声光报警器、手机 APP（应用）推送等，在监测数据异常时及时发出警报，提醒专业人员采取相应的措施。

（4）工作流程

① 多种传感器检测水质的多种参数，并将其转换为电信号输出。

② 信号调理电路对电信号进行放大、滤波、数字化处理等操作，并将处理后的信号传输到微处理器。

③ 微处理器对信号进行计算、存储、数据分析处理等操作，得到水质的各项指标数值。

④ 微处理器将处理后的数据通过通信接口传输到云端服务器进行存储分析。

⑤ 数据存储和分析系统对采集的数据进行分析和可视化展示，例如绘制水质参数曲线图、发布预警信息等。

⑥ 报警装置在监测数据异常时及时发出警报，提醒专业人员采取相应的措施。

具体流程如图 3.17 所示。

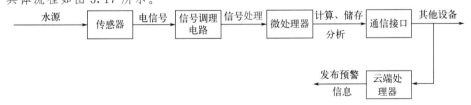

图 3.17 智能水质监测系统流程

（5）应用分析

该智能水质监测系统具有实时性、高精度、全面监测等优点，能够实现对水质的实时监测和分析，为水环境治理提供科学依据。同时，该系统还可以根据不同的应用需求进行扩展和优化，例如实现多点监测、预警预测等功能，满足不同场景的应用需求。

3.4 机器人能源系统

机器人能源系统是机器人的动力来源，可为机器人的正常运行提供能源保障，直接关系到机器人的性能、运行时间和适用范围。随着机器人在各个领域的广泛应用，人们对其能源系统的要求也越来越高。本节将重点探讨机器人能源系统的特点、常用电源和新能源技术等，通过深入了解这些方面的内容，可以更好地设计或选用机器人能源系统，以满足未来复杂应用场景的需求。

3.4.1 机器人能源系统特点

机器人的能源系统与其工作环境和功能要求密切相关，在其能源设计与选用中，经常受到机器人内部空间的限制。机器人能源系统有其自身的特点，包括持久性、高能量密度、快速充电和换电、安全性以及可持续性等。这些特点对于确保机器人长时间高效运行至关重要，同时也是未来机器人能源系统发展的重要方向。

（1）持久性

选择合适的电池类型和容量，可以确保机器人在长时间的运行中获得持续的电力供应，面向不同任务和需求时具备长期作业的能力。同时，通过先进的能源管理技术，如电池状态监测（包括电量、温度和健康状况）和智能充电策略（充电速度、频率及待机时间等），可以保障有限的电能获得更有效的利用，有效延长电池寿命。

（2）高能量密度

高能量密度的电池相比于同体积电源模块可以为机器人提供更大的能源供应，这使得机器人在设计时可以保持紧凑的体积和轻便的重量，同时获得充足的能源储备。为了进一步提高能源系统的效率，研究人员不断探索和应用新型电池技术，如固态电池或金属空气电池，这些技术有望进一步提升能量密度，并为机器人设计带来更大的灵活性。

（3）快速充电/换电

通过提高充电速度和电池更换的便捷性，机器人可以最大程度地减少停机时间，提高工作效率。例如，采用超快充电技术或无线充电技术，可以在短时间内为机器人提供足够的电量支持。此外，模块化电池设计能够在电池电量耗尽时，让用户迅速更换新电池，保持机器人的工作连续性。

（4）安全性

机器人能源系统的安全性是机器人实现长期作业的重要保障，确保能源系统在各种环境下的可靠性和稳定性，实时监测电池状态和温度，可以防止过热、过充或短路等事故的发生。在电池设计中，采用防爆和防火保护措施，以降低潜在的安全风险。比如在电池中加入绝缘材料和缓冲装置，以预防意外事件的发生。通过采取这些安全措施，机器人可以在多样化的环境中稳定、安全地运行。

（5）可持续性

推动能源系统的可持续性不仅符合环保理念，还能降低对环境的影响。优先考虑使用环保电池材料，如低碳或无碳电池，可减少有害物质的排放。将可再生能源，如太阳能、风能或氢能引入机器人能源系统，可实现更绿色的能源供应。此外，能源系统的回收和再利用也是可持续性的重要环节，通过建立科学的电池回收体系，减少资源浪费和环境污染。

（6）适应性

机器人能源系统应具备灵活性和适应性，以应对各种复杂的工作环境和多样化的任务需求。设计兼容多种电池技术的能源系统，以适应未来技术的发展，同时保持与现有机器人系统的兼容性。通过采用模块化设计，可以在不同应用场景中快速替换能源系统组件。机器人能源系统的适应性还体现在能量调度和分配上，确保机器人在各种任务中保持高效、稳定的工作状态。

3.4.2　机器人常用电源

机器人电源是保障机器人正常运行的核心支撑之一，直接影响机器人的性能和工作时间。目前，电池是各类智能机器人最常用的供电电源，不同类型的电池具有各自优缺点，选用时需要综合考虑多个因素，如能量密度、寿命、充电时间、安全性等。下面将详细介绍机器人常见的电池电源类型、选择标准以及电源系统设计的要点，以确保机器人在不同应用场景下的高效运行。

3.4.2.1　常见机器人电池电源

（1）锂电池

锂电池以其高能量密度、重量轻和较长的循环寿命而著称，如图 3.18 所示。它们能够在较小体积和重量下提供高能量输出，非常适合对结构设计或性能要求较高的机器人。此外，锂电池还具有自放电率低、充电效率高等优势。然而，锂电池价格较高，对温度敏感，充电过快或过热可能导致安全问题。锂电池广泛应用于无人机、医疗机器人和服务型机器人等需要

图 3.18　用于 AGV 机器人的带 RS-485 通信的轻量级 24V50Ah 锂电池

轻巧、长时间工作的领域。它们还用于消费类电子产品的电池，因为它们可以为长时间的电池续航提供支持。

（2）镍氢电池和镍镉电池

镍氢电池以其耐用性和可靠性而受欢迎，如图 3.19 所示。镍氢电池环保，对环境影响小，但其自放电率相对较高。镍镉电池经济实惠，但存在记忆效应，会影响其储能性能。相比之下，镍氢电池和镍镉电池的能量密度低于锂电池，但其安全性相对较高。镍氢电池和镍镉电池适用于家用服务机器人、商用机器人等中等功率要求的应用场景。它们在这些场景中表现出较高的耐用性和稳定性，但对机器人整体重量和体积可能有一定影响。

（3）铅酸电池

铅酸电池具有价格相对较低、可靠性高和耐久性强的特点，如图 3.20 所示。这些电池能够提供稳定的电流输出，适合应用于供电要求高的设备。其缺点是体积大、重量重，能量密度低，不适合需要轻量化的机器人设计。铅酸电池常用于大型工业机器人和工程机器人等对稳定供电需求高的领域。由于其较强的承受能力和稳定性，它们可以在这些领域长时间提供持续的电源支持。

图 3.19　镍氢电池

图 3.20　200Ah 铅酸电池

3.4.2.2　机器人电源选择

机器人电池电源各有优缺点，在选用时要充分考虑机器人的设计需求、工作环境和性能要求。此外，需要参考电池本身的参数，主要有以下几种。

（1）能量密度

电池应提供足够的能量储备，以支持机器人完成预定的任务。高能量密度的电池有助于减小能源系统的体积和重量，优化机器人的设计和灵活性。高能量密度电池可以延长机器人的续航时间，使其适用于长时间的任务。

（2）功率输出

电池应能够满足机器人的功率需求，包括峰值功率和连续功率。功率输出的稳定性对机器人执行复杂任务至关重要，例如在运动过程中提供充足的动力。在选择电池时，需要评估机器人在不同任务中对功率输出的要求。

（3）寿命和循环次数

电池应具备较长的使用寿命和高循环充放电次数，以减少电池更换频率和维护成本。长寿命电池能够提高机器人的整体经济性和可靠性。高循环次数电池确保电池在多次使用后仍能保持稳定性能。

（4）充电时间

快速充电能力对提高机器人的工作效率至关重要。短充电时间可以减少机器人的停机时间，提高生产效率。选择支持快速充电的电池技术有助于满足紧急任务或高强度作业的需求。

（5）安全性

电池应具备一系列保护措施，例如过充、过放、短路保护及温度监控等。确保电池在不同环境下的安全运行，防止电池故障引发危险，如爆炸或火灾。此外，电池设计应符合相关的法规和安全标准。

（6）成本

电池的成本应与机器人的整体成本预算相匹配。高性能电池可能价格较高，但在满足任务需求和提高机器人性能方面带来的长期收益可能会抵消初始投资。平衡电池性能和成本对机器人应用的经济可行性至关重要。

3.4.3　机器人的新能源技术

新能源技术是指利用可再生能源或者非传统能源来满足能源需求的技术手段，主要包括太阳能、风能、波浪能、生物能、地热能等形式的可再生能源，以及氢能、核能等非传统能源。随着科技的不断进步和环境问题的日益突出，新能源已在多种类型的机器人上成功应用，对机器人的性能和应用领域都具有重要影响。一方面，为机器人提供清洁、高效的能源，有助于减少对环境的影响，具有绿色环保特点；另一方面，新能源技术可以解决或缓解机器人的能源供给难题，极大延长机器人的工作时间和续航能力。本小节将介绍新能源技术在机器人能源系统中的具体应用，旨在为未来机器人技术的发展提供参考。

（1）太阳能

太阳能在机器人领域的应用主要是通过太阳能电池板的光伏效应将太阳能转化为电能实现的，其工作原理是：当光子击中光伏电池表面时，会激发电池中半导体材料中的电子，使电子获得能量并产生电流，如图 3.21 所示。通过采用不同材料的组合、表面处理和光学设计等手段，提高电池的光吸收率和电子传输效率，从而提高整个系统光能向太阳能的能量转换效率。

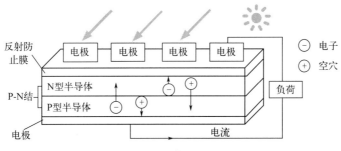

图 3.21　光伏发电原理

通常将太阳能电池板集成在机器人的外壳或其他部件表面上，用以捕获并转化来自太阳的光能。这在一定程度上增加了机器人的能量来源，从而实现了更长时间的运行和更高的自主性。太阳能驱动机器人的应用领域广泛，涵盖了太空、农业、环境监测以及搜索救援等多个领域。

在太空领域，太阳能很早就作为能源应用于太空卫星、空间站以及太空机器人等，从而为持续开展长时间的太空科学研究提供可靠的能源保障，如图 3.22 所示。在农业方面，太阳能机器人可以用于农田管理，如播种、除草、喷洒农药等，从而提高农作物的产量和质量。在水体监测方面，它们可以被用于建立气象站或监测站，收集气象、空气质量、水质等数据，帮助科学家更好地了解自然环境的变化。在搜索救援方面，太阳能机器人可以被用于搜寻失踪的人员或在灾难中提供救援，其长时间的自主运行能力使其成为应对紧急情况的有力工具。然而，太阳能在室内或光照不足的环境下效率较低，无法在夜间或阴天提供稳定的能源供应，并且太阳能板的安装需要占用一定表面积，这些限制了其在某些应用场景中的使用。

图 3.22   嫦娥四号太空探测器

（2）波浪能

波浪能是指海洋表面波浪所具有的动能和势能，由于太阳能的不均匀分布导致海洋表面上空气流运动，进而在海面产生波浪运动，形成波浪能，所以从根本上讲，波浪能仍是由太阳能转化而来。波浪能是取之不尽、用之不竭的清洁能源，但是波浪能的能量密度太低，这给波浪能的利用和推广带来一定的困难。我国有广阔的领海，同时也具有丰富的波浪能资源，近海海域波浪能的蕴含量（波浪能的功率）约达 1.5 亿千瓦，可开发利用量（可开发利用波浪能的功率）约为 2300 万～3500 万千瓦。

波浪能的利用和转化方式主要包括波浪能发电和波浪能机械利用两种方式。波浪能发电将波浪能转化为机械运动，驱动发电机产生电能，这也是目前人们开发和利用波浪能的主要方式，典型的波浪能发电装置有振荡浮子式、振荡水柱式、收缩波道式、波流转子式及波整流式等多种形式，其效率和使用范围也不尽相同。而波浪能机械利用则直接将波浪能通过一定的装置转化为前进的动能，不需要中间电能转化环节，从而提高了波浪能的转化效率。尽管目前波浪能开发利用技术还处于初级阶段，但随着技术的进步和成本的降低，波浪能有望成为未来海洋机器人重要的能源之一。

波浪滑翔机是一种综合利用波浪能和太阳能的新型无人水面机器人，其结构及驱动原理如图 3.23 所示，波浪滑翔机在结构组成上，由水面浮体、水下滑翔体和系缆组成。浮体在波浪激励下会产生上下振荡、纵倾和横倾运动。当波浪波峰来临时，波浪将浮体抬起，浮体通过系缆拉动水下滑翔体，整个机器人向上运动，此时刚性翼板在水动力的作用下向下翻转；当波浪波谷来临时，机器人由于自身的重力而向下运动，此时翼板在水动力的作用下向上翻转。水下滑翔体在上下运动过程中，翼板受到的水动力的水平分力总是朝着其前进的方向，为波浪滑翔机提供前进的驱动力。不同的是，水下滑翔体在上升过程中，驱动力主要由水动力与翼板上表面的相互作用产生，而水下滑翔体在下降过程中，驱动力主要由水动力与翼板下表面的相互作用产生。波浪滑翔机的航向则是由装在水下滑翔体尾部的舵机来控制，在前进过程中通过控制舵角实现航向的有效控制，与波浪的运动方向无关。波浪滑翔机采用

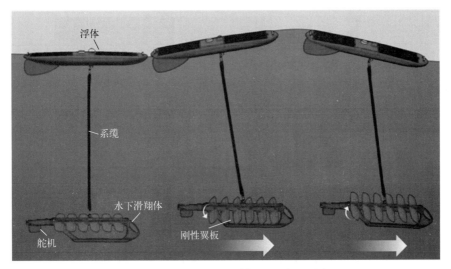

图 3.23　波浪滑翔机结构及驱动原理图

波浪能和太阳能驱动，彻底解决了其能源供给难题，续航力可达一年以上，美国 Liquid 公司开发的波浪滑翔机更是完成了横穿太平洋的壮举。

（3）风能

风能也是太阳能的一种转换形式，是空气运动产生的动能。太阳的辐射造成地球表面受热不均，使大气层中产生压力差，引起空气沿水平方向运动而形成风。据估计，到达地球的太阳能中虽然只有大约 2% 转化为风能，但其总量仍是十分可观的。全球的风能（风能的功率）约为 1300 亿千瓦，比地球上可开发利用的水能总量还要大 10 倍。风能是一种巨大的、无污染的、永不枯竭的可再生能源，但同时也具有能量密度低与其产生、方向和大小不确定的缺点。我国拥有悠久的风能利用历史，公元前利用风力提水、灌溉、磨面、舂米，以及借助风帆推动船舶前进等。风力发电仍然是目前人们利用风能最主要的方式，特别是对沿海岛屿、交通不便的边远山区、地广人稀的草原牧场，以及远离电网和近期内电网还难以达到的农村、边疆，风力发电作为解决生产和生活能源的一种可靠途径，有着十分重要的意义。我国在 2010 年的风电产能已经超越美国，成为世界上规模最大的风能生产国。

风能作为一种可再生能源，在机器人领域中有着广泛的应用，其中，风帆船作为一种无人水面机器人，是风能驱动机器人的典型应用案例，如图 3.24 所示。风帆是风帆船的动力部分，可以控制其相对于风向的角度，实现将风力转化为动力。当风力以一定的速度吹向风帆时，作用在风帆上的气动力可分为垂直于来流速度方向的升力和平行于来流速度方向的阻力，二者的共同作用，会产生一个平行于运动方向的气动驱动力和垂直于运动方向的气动侧向力。风帆船就是通过该气动驱动力的作用向前运动，同时，气动侧向力会让风帆船偏离其朝向的方向，最终形成"之"字形路线前进。风帆船采用风能作为能源，极大地提高了其续航能力，可在海洋航行数月，完成大范围的海洋观测。国内外许多学者对风帆船的相关技术进行了研究，并建立了各种平台，以满足许多不同海洋应用的要求，如图 3.24 所示。

新能源技术为机器人领域带来了前所未有的发展机遇和挑战，太阳能、风能、波浪能等新能源技术的应用不仅为机器人赋予了更长的工作时间和更广阔的应用领域，还为环境保护和可持续发展提供了重要支持。随着新能源技术的不断突破和创新，相信机器人将在未来的发展中展现出更加出色的性能并适用于多样化的应用场景，为人类社会带来更大的价值和便利。

(a) Avalon　　　(b) Wasp　　　(c) N-Boat

(d) Saildrone　　　(e) Fast

图 3.24　无人风帆船代表

3.5　本章习题

（1）简述机器人总体设计流程各个环节以及要完成的内容。

（2）如何选择机器人的材料？常用的机器人材料有哪些？

（3）简述机器人本体结构设计的基本原则。

（4）机器人的驱动方式有哪些？各有什么优缺点？

（5）机器人的传动方式有哪些？各有什么优缺点？

（6）简述滚珠丝杠的工作原理，并举例说明在机器人上的具体应用。

（7）带传动、链传动、绳传动各有何特点？适用于什么场合？

（8）传感器的主要性能参数有哪些？机器人常用的传感器有哪几种？

（9）简述信息融合的基本原理。

（10）机器人信息融合算法有哪些？各有什么特点？

（11）机器人信息融合的优缺点有哪些？

（12）简述智能传感测量系统的组成及其关键技术。

（13）机器人能源系统的特点以及常用电源有哪些？如何选择？

（14）新能源主要包括哪些类型？优势有哪些？

（15）介绍新能源技术在机器人上应用的成功案例。

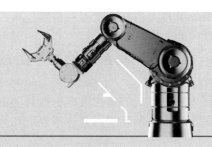

第4章

机器人控制及通信技术

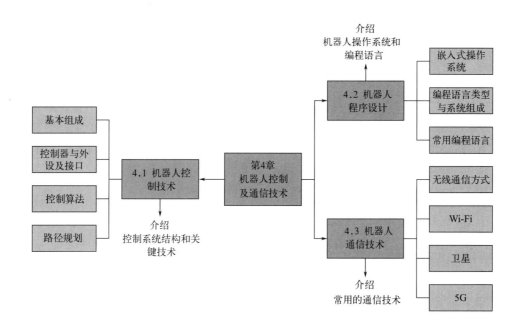

4.1 机器人控制技术

随着科技的迅猛发展,机器人已经成为现实生活中不可或缺的一部分。从工业生产到医疗保健,从日常家居到航空航天,机器人的应用范围越来越广泛。而实现机器人的智能化和精准控制,则离不开复杂而精巧的控制系统。

机器人的控制系统是机器人的"中枢神经系统",它主要负责机器人运动轨迹、位置和姿态、路径规划以及动力输出等的控制。控制系统包括对机器人本体工作过程进行控制的控制机、各种传感器、控制程序及算法等。为了实现机器人精确控制,往往需要根据传感器反馈回来的信号,支配执行机构去完成规定的运动和功能,所以机器人的控制系统与感知系统密切相关，其涉及的技术主要有传感技术、驱动技术、控制理论和控制算法等。

4.1.1 机器人控制系统的基本组成

机器人控制系统的结构可以根据其功能和应用需求的不同而有所变化，但一般来说，一个典型的机器人控制系统通常包括以下几个主要组成部分，如图4.1所示。

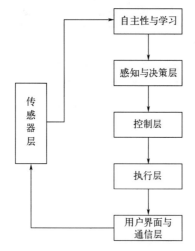

图 4.1 机器人控制系统主要组成部分

（1）传感器层：捕捉外部信息

机器人控制系统的基础是传感器层，它允许机器人从外部环境中获取信息。这些传感器可以是多样的，包括但不限于视觉传感器、声音传感器、力传感器等。视觉传感器能够让机器人"看见"周围的景象，声音传感器使其能够"听到"声音和指令，而力传感器则使机器人能够感知物体的质地和受到的外力。这些传感器将物理世界中的信息转化为数字信号，为接下来的处理和分析提供了原始决策。

（2）感知与决策层：数据解读与智能决策

传感器层收集到的数据需要经过感知与决策层的处理，这一层的任务是对数据进行解读，做出智能决策。在这个层面，涉及众多的算法和模型，如计算机视觉、语音识别、路径规划等。通过这些算法，机器人能够理解周围的环境，识别物体，规划行动路径等。感知与决策的精准性和效率直接影响了机器人的智能水平和操作能力。

（3）控制层：指挥动作的中枢

控制层是机器人控制系统的核心，它将感知与决策层制定的指令转化为控制信号，驱动执行器完成相应的动作。这一层涉及实时控制技术、运动规划以及动力学建模等。控制层的设计需要考虑到机器人的稳定性、精准性和实时性，以确保机器人能够按照预定的轨迹和动作完成任务。

（4）执行层：动作实现的关键

执行层是机器人控制系统的末端，它负责将控制信号转化为具体的动作。执行器可以是各种各样的机械装置，如电机、液压装置、气动装置等，用来实现机器人的运动、抓取、操作等功能。执行器的性能直接影响了机器人的操作精度和速度。

（5）用户界面与通信层：人机交互与远程控制

除了上述几层外，机器人控制系统还包括用户界面与通信层。这一层使人与机器人进行交互，人通过图形界面或语音指令向机器人下达任务。同时，通信技术使机器人能够与外部系统进行数据交换和远程控制，实现更大范围的应用。

（6）自主性与学习：智能机器人的关键

自主性是现代机器人的重要特征之一，通过自主导航、避障和路径规划等技术，机器人能够在未知环境中自主探索和运动。机器学习和强化学习技术使机器人能够从经验中学习，优化决策和动作，适应不同环境和任务。

4.1.2 机器人控制器与外设及接口

"大脑"是机器人区别于简单的自动化机器的主要标志。后者在重复指令下完成一系列重复操作。机器人"大脑"能够处理外界的环境参数（如距离信号），然后根据程序或者接线的要求去决定合适的系列反应，如果没有某种形式的"大脑"，机器人实际上只不过是一个配有电动机的玩具，一再重复同样的动作，对周围的一切毫无所知。在机器人中最常见的"大脑"是一种或者多种处理器，如 PC、微处理器、微控制器、DSP（数字信号处理器）、FPGA（现场可编程门阵列）、SoC（单片系统）等，和外接的相应外围电路所构成的。

4.1.2.1 机器人常用控制器的种类

（1）微控制器 Microcontroller Unit（MCU）

微控制器是由一片或少数几片大规模集成电路组成的中央处理器，这些电路执行控制部件和算术逻辑部件的功能。嵌入式微控制器又称单片机，它将整个计算机系统集成到一块芯片中。嵌入式微控制器一般以某种微处理器内核为核心，根据某些典型的应用，在芯片内部集成了 ROM（只读存储器）/EPROM（可擦编程只读存储器）、RAM（随机存储器）、总线、总线逻辑、定时/计数器、监视定时器、I/O、串行口、脉宽调制输出、A/D 转换器（模数转换器）、D/A 转换器（数模转换器）、EEPROM（电擦除可编辑只读存储器）等各种必要功能部件和外设。为适应不同的应用需求，对功能的设置和外设的配置进行必要的修改和裁减定制，使得一个系列的单片机具有多种衍生产品，每种衍生产品的处理器内核都相同，不同的是存储器和外设的配置及功能的设置。这样可以使单片机最大限度地和应用需求相匹配，从而减少整个系统的功耗和成本。和嵌入式微处理器相比，微控制器的单片化使应用系统的体积大大减小，从而使功耗和成本大幅度下降，可靠性提高。由于单片机目前在产品的品种和数量上是所有种类嵌入式微处理器中最多的，而且上述诸多优点决定了微控制器是嵌入式系统应用的主流。微控制器的片上外设资源一般比较丰富，适合于控制，因此称为微控制器。它最具代表性的有 8051/8052、MCS-96/196、PIC、M16C（三菱）、XA（飞利浦）和 AVR（Atmel）等系列，如图 4.2 所示。

图 4.2 常用单片机

（2）嵌入式数字信号处理器（DSP）

嵌入式数字信号处理器（digital signal processor，DSP）是一种独特的微处理器，有自己的完整指令系统，是以数字信号来处理大量信息的器件。一个数字信号处理器中含有一块小芯片，这块芯片内包括控制单元、运算单元、各种寄存器以及一定数量的存储单元等，在其外围还可以连接若干存储器，并可以与一定数量的外设互相通信，有软、硬件的全面功能，本身就是一个微型计算机。DSP采用的是哈佛结构，即数据总线和地址总线分开，使程序和数据分别存储在两个分开的空间，允许取指令和执行指令完全重叠。也就是说，在执行上一条指令的同时就可取出下一条指令，并进行译码，这大大提高了微处理器的速度。另外，还允许在程序空间和数据空间之间进行传输，因而增加了器件的灵活性。DSP工作原理是接收模拟信号，将其转换为0或1的数字信号，再对数字信号进行修改、删除和强化，并在其他系统芯片中把数字信号解译回模拟信号或实际环境格式。

（3）现场可编程门阵列（FPGA）

现场可编程门阵列（field programmable gate array，FPGA）是在PAL（可编程阵列逻辑电路）、GAL（通用阵列逻辑电路）和PLD（可编程逻辑器件）等可编程器件的基础上进一步发展的产物，是专用集成电路（ASIC）中集成度最高的一种，如图4.3所示。FPGA采用了逻辑单元阵列这样一个新概念，内部包括可配置逻辑模块、输入输出（I/O）模块和内部连线三个部分。用户可对FPGA内部的逻辑模块和I/O模块重新配置，以实现用户的逻辑。可以毫不夸张地讲，FPGA能完成任何数字器件的功能，上至高性能CPU，下至简单的74系列电路，都可以用FPGA来实现。FPGA如同一张白纸或者一堆积木，工程师可以通过传统的原理图输入法，或者硬件描述语言自由地设计一个数字系统。目前FPGA的品种很多，有Xilinx公司的XC系列、TI公司的TPC系列和Altera公司的FLEX系列等。

（4）单片系统（SoC）

随着EDI（电子数据交换）的推广和VLSI（超大规模集成电路）设计的普及化，以及半导体工艺的迅速发展，可以在一块硅片上实现一个更为复杂的系统，这就产生了单片系统（system on chip，SoC）技术。各种通用处理器内核将作为SoC设计公司的标准库，和其他许多嵌入式系统外设一样，成为VLSI设计中一种标准的器件，如图4.4所示。用标准的VHDL（超高速集成电路硬件描述语言）、Verilog等硬件语言描述，存储在器件库中。用户只需定义出其整个应用系统，仿真通过后就可以将设计图交给半导体工厂制作样品。这样，除某些无法集成的器件以外，整个嵌入式系统大部分均可集成到一块或几块芯片中去，应用系统电路板将变得很简单，对于减小整个应用系统体积和功耗、提高可靠性非常有利。

图4.3　FPGA芯片

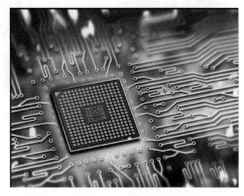

图4.4　SoC芯片

4.1.2.2　机器人外设及接口

外设指的是机器人控制器的外部设备，如存储器、显示屏、摄像头、各种传感器等。这些外设根据其所在的位置，也可分为两种：一种是直接被集成到机器人控制器上的外设，如存储芯片、位置传感器、霍尔传感器、显示屏等；另一种是在控制器之外，安装到机器人本体的外设，如摄像头等。接口指的是机器人控制器与外设通信的接口，常用的有 SPI（串行外围接口），I^2C（内置集成电路）接口、RS-485 接口等。

（1）指示灯

指示灯是硬件设计中常用的器件，用来指示程序运行的各种状态，如数据通信、故障指示等。指示灯使用的是发光二极管（LED），它的作用是在控制板和上位机通信时进行频闪操作。要实现该功能，需要使用 GPIO（通用输入输出端口）的输出功能，利用输出高低电平来控制 LED 灯的灭和亮。原理图如图 4.5 所示。

（2）按键

一个按键是硬件复位按键，不需要驱动，另外两个按键分别连接到 PC10 和 PC11 口，按动这两个按键会分别启动两个机械臂的动作组。通过连接按键的两个引脚，可以采集到按键的输入状态。按键原理图如图 4.6 所示。

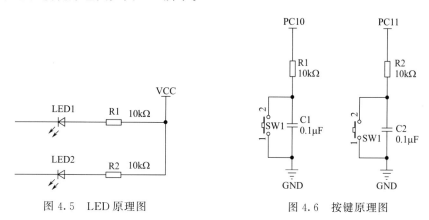

图 4.5　LED 原理图　　　　　　　图 4.6　按键原理图

（3）USART 串行接口

USART（通用同步/异步收发器）串行接口（简称串口）是单片机芯片最基础的应用，也是调试程序较方便的手段。掌握串口的使用，最基本的就是掌握数据的接收和发送。串口是一个全双工通用同步/异步串行收发模块，是一个高度灵活的串行通信设备。因此，串口是一个可以完成特定功能（接收和发送数据）的硬件设备，它最基本的功能是完成并行数据和串行数据的转换。

计算机中的数据以字节（byte，B）为基本单位，对一个 byte 的存取是并行的，即同时取得/写入 8 个比特（bit，b）。而串行通信，需要把这个 byte "打碎"，按照时间顺序来收/发以实现串行。

RS-232/RS-485 是两种不同的电气协议，是对电气特性以及物理特性的规定，作用于数据的传输通路上，并不内含对数据的处理方式。比如 RS-232 使用 3～15V 有效电平，而USART，因为对电气特性并没有规定，所以直接使用 CPU 所用的电平，就是所谓的 TTL

（晶体管-晶体管逻辑）电平（可能在 0～3.3V 之间）。更具体而言，电气的特性也决定了线路的连接方式：比如 RS-232 规定用电平表示数据，因此线路就是单线路的，用两根线才能达到全双工的目的；RS-485 则使用差分电平表示数据，因此，必须用两根线才能达到传输数据的基本要求，而要实现全双工，必须用四根线。无论使用 RS-232 还是 RS-485，它们与 USART 是相对独立的，由于电气特性的差别，必须要有专用的器件和 USART 进行电平转换，才能完成数据在线路和 USART 间的正常流动。RS-232 接口如图 4.7 所示。

图 4.7　RS-232 接口

（4）存储芯片

机器人的存储芯片可以存储机器人本身的参数，以及上位机传输过来的舵机动作名称、顺序等，是机器人重要的外部设备之一。以工业机器人所选择的存储芯片 AT24C16 为例，它是一种可编程只读存储器，可以按字节读写。其容量为 16KB。

EEPROM 是一种掉电后数据不丢失的存储芯片，可以擦除已有信息，重新编程写入新的信息。一般用来存储开机需要的或运行中经常更改的参数，用在需要即擦即用的场合。

AT24C16 芯片的原理图如图 4.8 所示。

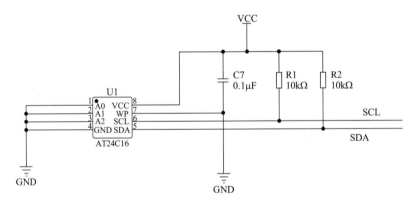

图 4.8　AT24C16 芯片的原理图

（5）I^2C 接口

I^2C 是一种较为常用的串行接口标准，具有协议完善、支持芯片较多和占用 I/O 线少等优点。I^2C 总线是飞利浦公司为有效实现电子器件之间的控制而开发的一种简单的双向两线总线。现在，I^2C 总线已成为一个国际标准，应用涉及家电、通信、控制等众多领域，特别是在 ARM 嵌入式系统开发中得到广泛应用。使用 I^2C 总线可以在微控制器与被控设备之间、设备与设备之间进行双向传送，高速 I^2C 总线一般通信速率可达 400kb/s 以上。

I^2C 采用两根 I/O 线：一根时钟线（SCL，串行时钟线），一根数据线（SDA，串行数据线），实现全双工的同步数据通信。I^2C 总线通过 SCL/SDA 两根线使挂接到总线上的器件相互进行信息传递。I^2C 总线上的设备分为主设备和从设备两种，设备的 SCL、SDA 线分别相连。总线支持多主设备，是一个多主总线，即它可以由多个连接的器件分时控制。主设备通过寻址来识别总线上的从设备，省去了从设备的片选线，使整个系统连接简单。

I^2C 总线在传送数据过程中共传送三种类型的信号，分别是起始信号、结束信号和应答信号。起始信号：SCL 为高电平时，SDA 由高电平向低电平跳变，开始传送数据。结束信号：SCL 为高电平时，SDA 由低电平向高电平跳变，结束传送数据。应答信号：数据接收方在接收到 8 位数据后，向主设备发出特定的低电平脉冲，表示已收到数据。

每一次 I^2C 总线传输都由主设备产生一个起始信号，采用同步串行传送数据，数据接收方每接收一个字节数据后都回应一个应答信号。一次 I^2C 总线传输的字节数不受限制，主设备通过产生结束信号来终结总线传输。数据从最高位开始传送，在时钟信号高电平时有效。通信双方都可以通过拉低时钟线来暂停该次通信。若主设备未收到应答信号，则判断为从设备出现故障。这些信号中，起始信号是必须的，结束信号和应答信号都可以不要。

I^2C 的协议和时序非常简单，作为主设备的时候很容易实现模拟，不怕中断打断，不怕时钟节拍不固定，只要时序对就可以。相比设计烦琐的硬件 I^2C，模拟 I^2C "性价比"较高。不仅如此，使用模拟的 I^2C 可以指定引脚，对 I^2C 从设备的复位也简单，同时也更利于理解 I^2C 协议。

4.1.3　常用的机器人控制算法

（1）PID 控制

在生产过程中，自动调节系统是在人工调节的基础上产生和发展起来的。一个简单自动调节系统的组成，可用图 4.9 表示，图中每一个方框表示一个设备或装置，各个设备或装置之间的信号传递关系或作用，可用带箭头的连线表示。自动调节系统的组成，不是机械地拼凑，而是互相协调配合的有机组合，各个设备或装置各自承担着不同的任务，达到自动调节的目的。

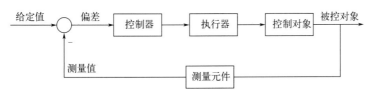

图 4.9　简单自动调节系统方框图

简单自动调节系统的组成包括控制器，控制器是自动调节系统中不可缺少的一个环节，它将测量参数与给定值进行比较，给出一个与偏差信号有关的输出信号。PID（比例-积分-微分）控制是最早发展起来的控制策略之一，由于其算法简单、鲁棒性好、可靠性高，被广泛应用于机器人控制，尤其适用于可建立精确数学模型的确定性控制系统。在模拟控制系统中，控制器最常用的控制规律是 PID 控制。常规 PID 控制系统原理框图如图 4.10 所示，由

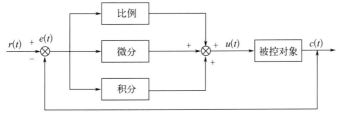

图 4.10　PID 控制系统原理框图

PID 控制器和被控对象组成。

PID 控制器是一种线性控制器，它根据给定值 $r(t)$ 与实际输出值 $c(t)$ 构成控制偏差，表示为

$$e(t) = r(t) - c(t) \tag{4.1}$$

将偏差的比例（P）、积分（I）和微分（D）通过线性组合构成控制量，对被控对象进行控制，故称 PID 控制器。其控制规律为

$$u(t) = K_P \left[e(t) + \frac{1}{T_I} \int_0^t e(t) \mathrm{d}t + \frac{T_D \mathrm{d}e(t)}{\mathrm{d}t} \right] \tag{4.2}$$

也可以简写为

$$u(t) = K_P e(t) + K_I \int_0^t e(t) \mathrm{d}t + K_D \frac{\mathrm{d}e(t)}{\mathrm{d}t} \tag{4.3}$$

写成传递函数形式为

$$G(s) = \frac{U(s)}{E(s)} = K_P \left(1 + \frac{1}{T_I s} + T_D s \right) \tag{4.4}$$

式中，K_P 为比例系数；K_I 为积分增益；K_D 为微分增益；T_I 为积分时间常数；T_D 为微分时间常数。

简单说来，PID 控制器各校正环节的作用如下。

① 比例环节。即时、成比例地反映控制系统的偏差信号 $e(t)$，偏差一旦产生，控制器立即产生控制作用，以减少偏差。

② 积分环节。主要用于消除静差，提高系统的无差度。积分作用的强弱取决于积分时间常数 T_I，T_I 越大，积分作用越弱，反之则越强。

③ 微分环节。能反映偏差信号的变化趋势（变化速率），并能在偏差信号值变得太大之前，在系统中引入一个有效的早期修正信号，全面加快系统的动作速度，减少调节时间。

在机器人控制系统中，PID 控制算法广泛应用于机器人轨迹控制。例如，在机器人沿墙行走过程中，为了保证机器人不碰撞墙壁，使用 PID 算法来保证机器人走直线。沿墙走是使机器人保持直线行走的一种控制方法，要根据通道的宽度，设定一个机器人行走时与一边墙壁的距离值，机器人需要按这个距离与墙壁平行行走，行走过程中机器人不断地通过红外传感器检测与指定墙壁的距离，然后与设定的阈值进行比较，将设定值减去传感器读出的当前值，如果为正值，说明机器人过于靠近墙壁了，负值则说明机器人过于远离墙壁了，距离越近，传感器读出数值越小。通过误差值的正负，就可以知道机器人距离墙的位置情况，其绝对值就是具体的偏离程度，将绝对值输入 PID 控制器计算出调整值，将相应一侧的速度减慢，从而达到纠偏的目的。

（2）机器人的变结构控制

早在 20 世纪 50 年代就提出了变结构控制。限于当时的技术条件和控制手段，这种理论没有得到迅速发展。近年来，计算机技术的进步，使得变结构控制能很方便地实现，并不断充实和发展，成为一种简单而又有效的非线性控制方法。

在动态控制过程中，变结构控制系统的结构根据系统当时的状态偏差及其各阶导数的变化，以跃变的方式按设定的规律作相应改变，它是一类特殊的非线性控制系统。滑模变结构控制就是其中一种。该类控制系统预先在状态空间设定一个特殊的超越曲面，由不连续的控制规律，不断变换控制系统结构，使其沿着这个特定的超越曲面向平衡点滑动，最后渐进稳

定至平衡点。

变结构控制系统指的变结构具有两种含义：系统各部分间的连接关系发生变化，系统的参数产生变化。不过，这种变结构系统的控制与一般程序控制和自适应控制是不同的。在一般程序控制的系统运行过程中，系统结构的改变是预先设定好的；而在变结构控制中，系统结构的改变是根据误差及其导数的变化情况来确定的。自适应控制虽然也是根据误差来改变系统的参数，但是这种改变是渐变的过程，而变结构控制中参数的改变是个突变的过程。若控制对象参数不变化，自适应控制逐渐退化为定常控制，而变结构控制并不会退化为定常控制，始终保持为变结构控制。

下面考虑一般非线性动态系统：

$$y^{(n)}(t) = f(\boldsymbol{x}) + b(\boldsymbol{x})u(t) + d(t) \tag{4.5}$$

式中，$u(t)$ 为控制量；$y^{(n)}(t)$ 为输出量；$\boldsymbol{x} = [y, \dot{y}, \cdots, \overset{n-1}{y}]^{\mathrm{T}}$ 为状态向量；$f(\boldsymbol{x})$ 为状态的非线性函数，假设知道它的不确定性范围 $|\Delta f(\boldsymbol{x})|$；$b(\boldsymbol{x})$ 也为状态的非线性函数，也假定知道它的符号及不确定性的范围；$d(t)$ 为不确定的干扰项，也假定知道它的范围。

现在的控制问题是：在系统的模型参数 $f(\boldsymbol{x})$ 和 $b(\boldsymbol{x})$ 及干扰 $d(t)$ 均不确定的情形下，设计有效的控制量 $u(t)$ 以使系统的状态 $\boldsymbol{x}$ 跟踪给定状态 $\boldsymbol{x}_\mathrm{d} = [y_\mathrm{d}, \dot{y}_\mathrm{d}, \cdots, \overset{n-1}{y}_\mathrm{d}]^{\mathrm{T}}$。

取状态跟踪误差向量为

$$\tilde{\boldsymbol{x}} = \boldsymbol{x}_\mathrm{d} - \boldsymbol{x} = [\tilde{y}, \dot{\tilde{y}}, \cdots, \overset{n-1}{\tilde{y}}]^{\mathrm{T}} \tag{4.6}$$

一般情况下可取开关面方程为

$$s = \overset{n-1}{\tilde{y}} + c_1 \overset{n-2}{\tilde{y}} + \cdots + c_{n-2}\dot{\tilde{y}} + c_{n-1}\tilde{y} = 0 \tag{4.7}$$

其中设计参数 c_1，c_2，$\cdots$，c_{n-1} 由设计人员选择。为了减少选择参数，通常选择如下的开关面方程：

$$s = \left(\frac{\mathrm{d}}{\mathrm{d}t} + \lambda\right)^{n-1} \tilde{y} = 0 \tag{4.8}$$

其中 $\lambda > 0$。这里，只有 λ 是要选择的设计参数，可根据对系统的频带要求来给定。例如，当 $n=2$ 时，开关面方程为

$$s = \frac{\mathrm{d}\tilde{y}}{\mathrm{d}t} + \lambda\tilde{y} = 0 \tag{4.9}$$

当 $n=3$ 时，开关面方程为

$$s = \frac{\mathrm{d}^2\tilde{y}}{\mathrm{d}t^2} + 2\lambda\frac{\mathrm{d}\tilde{y}}{\mathrm{d}t} + \lambda^2\tilde{y} = 0 \tag{4.10}$$

为了实现滑模控制，并使得开关面在整个空间均具有"吸引能力"，就要适当地设计控制量 $u(t)$，使得

$$s\dot{s} \leqslant -\eta|s|, \eta > 0 \tag{4.11}$$

若上式得以满足，则不管系统的初态如何（即初始相点在何处），系统的运动相点首先被"吸引"到 $s=0$ 开关面上，然后沿着开关面运动到原点。也就是说，该系统是大范围内渐进稳定的。

机器人滑模控制系统的一般结构如图 4.11 所示。

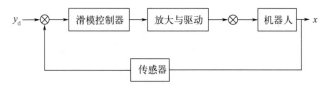

图 4.11　机器人滑模控制系统的一般结构

(3) 机器人的自适应控制

按照设计技术的不同可把机器人自适应控制分为三类，即模型参考自适应控制、自校正控制和线性摄动自适应控制。机器人能够模仿和代替人的运动和思考功能，其中能模仿和再现人手动作的机器人叫操作机器人，这是目前应用最为广泛的一种机器人。操作机器人有自动的、生物技术的和交互的三种。其中，自动操作机器人又可分为固定程序（或编程）机器人、自适应机器人和智能机器人。

编程机器人能够按照预编的固定程序，自动执行各种需要的循环操作。开环控制、一般的伺服控制和最优控制均可用来控制编程机器人。在设计这类机器人中控制系统的控制器时，必须事先知道受控对象的性质和特征，以及它们随环境等因素变化的情况。如果不能预先掌握这些信息，就无法设计好这种控制器。

自适应机器人由自适应控制器来控制其操作。自适应控制器具有感觉装置，能够在不完全确定的和局部变化的环境中，保持对环境的自动适应，并以各种搜索与自动导引方式，执行不同的循环操作。

智能机器人具有人工智能装置，能够借助于人工智能元件和智能系统，在运行中感受和识别环境，建立环境模型，自动做出并执行决策。

操作机器人的动力学模型有非线性和不确定性因素。这些因素包括未知的系统参数（如摩擦力）、非线性动态特性（如齿轮间隙和增益的非线性）以及环境因素（如负载变动和其他扰动）等。采用自适应控制来自动补偿上述因素，能够显著改善操作机器人的性能。

机器人的自适应控制是与机械手的动力学密切相关的。具有 n 个自由度和 n 个关节单独传动的刚性机械手的动态方程可由下式表示：

$$F = D(q)\ddot{q} + \boldsymbol{C}(q,\dot{q}) + \boldsymbol{G}(q) \tag{4.12}$$

重新定义

$$\begin{cases} \boldsymbol{C}(q,\dot{q}) \overset{\text{def}}{=} \boldsymbol{C}^1(q,\dot{q})\dot{q} \\ \boldsymbol{G}(q) \overset{\text{def}}{=} \boldsymbol{G}^1(q)q \end{cases} \tag{4.13}$$

式中，$\boldsymbol{C}(q,\dot{q})$ 为离心力和科氏力矢量；$\boldsymbol{G}(q)$ 为重力矢量；$\boldsymbol{C}^1(q,\dot{q})$ 为分离出状态变量的离心力和科氏力矩阵；$\boldsymbol{G}^1(q)$ 为分离出状态变量的重力矩阵。

代入式(4.12)可得

$$F = D(q)\ddot{q} + \boldsymbol{C}^1(q,\dot{q})\dot{q} + \boldsymbol{G}^1(q)q \tag{4.14}$$

这是拟线性系统表达式。

又定义

$$\boldsymbol{x} = [q,\dot{q}]^{\text{T}} \tag{4.15}$$

为 $2n \times 1$ 状态矢量，则可把式(4.14)表示为下列状态方程：

$$\dot{\boldsymbol{x}} = A_{\text{P}}(\boldsymbol{x},t)\boldsymbol{x} + B_{\text{P}}(\boldsymbol{x},t)F \tag{4.16}$$

式中，$A_P(x,t)$、$B_P(x,t)$ 为状态矢量 x 的非常复杂的非线性函数。

自适应控制问题的主要解决方法有两种，即模型参考自适应控制（MRAC）和自校正控制（STC），分别如图 4.12 和图 4.13 所示。现有的机器人自适应控制系统，基本上是应用这些设计方法建立的。

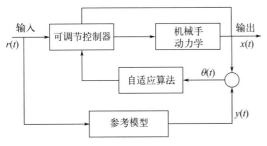

图 4.12　机器人模型参考自适应控制

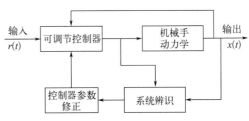

图 4.13　机器人自校正控制

（4）模糊控制算法

模糊控制是基于丰富操作经验总结出的、用自然语言表述的，或通过大量实际操作数据归纳总结出并用计算机予以实现的自动控制。它与传统控制的最大不同，在于不需要知道被控对象的数学模型，而需要积累对设备进行控制的操作经验或数据。

用传统控制方法对一个系统进行控制时，首先要建立控制系统的数学模型，即描述系统内部物理量（或变量）之间关系的数学表达式。要想建立该表达式必须得知道系统模型的结构、阶次、参数等。通常建立系统数学模型的方法有分析法和实验法两种：分析法是对系统各部分的运动机理进行分析，根据它们活动的物理或化学规律列出运动方程；实验法是人为地向系统施加某种测试信号，记录其输出响应，用适当的数学模型去逼近输入-输出间的关系。传统的控制理论都是以被控对象和控制系统的数学模型为基础，进行数学分析和研究的理论。模糊控制系统的基本结构如图 4.14 所示。

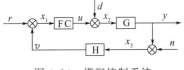

图 4.14　模糊控制系统
基本结构示意图

图 4.14 中，r 为参考输入（reference input），表示系统期望达到的目标值或设定值；d 为扰动输入（disturbance input），表示系统外部的干扰或不确定性因素；y 为系统输出（system output），表示系统实际的输出值；v 为反馈信号（feedback signal），表示从系统输出反馈回来的信号，用于与参考输入进行比较；n 为噪声（noise），表示系统输出中包含的随机干扰或误差。

通常把含有模糊控制器 FC 的系统称为模糊控制系统。可见，模糊控制器 FC 是模糊控制系统的核心。FC 的核心任务是通过模糊规则和近似推理得出应有的结论，而这一过程都是在处理模糊集合。所以在 FC 中需要先将输入它的清晰量 x_1 进行模糊化处理，经过近似推理后，再对得出的模糊量进行清晰化处理，最终输出清晰量 u。从清晰量 x_1 到清晰量 u，其间必须经过先由清晰到模糊，经过近似推理后再由模糊到清晰这样的变换过程。因此，模糊控制器的主要组成部分除了其核心——近似推理模块之外，必须设有模糊化模块（D/F）和清晰化模块（F/D）来对变量进行必要的变换。在模糊控制器中，进行变换和处理的都是像自然语言一样带有模糊性的变量。

传统控制系统的分析和设计，重点是设法通过工作机理分析或系统辨识，建立起被控对象及控制系统的数学模型，以此作为整个控制系统建模、分析、设计的基础。但是，模糊控制系统的分析设计则大不相同，它不太过问被控对象的内部结构、工作机理或数学模型，而是把它看作"黑箱"。首先进行系统分析，确定输入和输出物理量。根据系统分析的结果，明确输入和输出的物理量，选择合适的模糊控制器结构，进而选择涵盖输入和输出变量的模糊子集，并确定其隶属度函数。根据模糊子集和隶属度函数，建立模糊控制规则，对模糊控制器进行模拟或仿真，验证其性能。根据模拟或仿真的结果，调整模糊控制器的参数，直到满足设计要求，最终完成模糊控制器的设计。如图 4.15 所示。

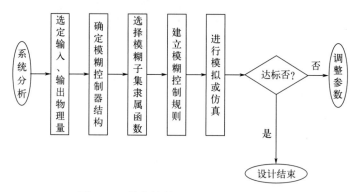

图 4.15　模糊控制器的主要流程示意图

设计模糊控制系统的核心是设计模糊控制器，在设计模糊控制器的过程中，建立模糊规则并选定近似推理算法、确定模糊控制器的结构是两个核心工作，与之配套的是设计模糊化模块、选择模糊子集的隶属函数、设计清晰化模块并选择清晰化方法。其中，根据积累的人工操作经验或测试数据，建立模糊控制规则是设计模糊控制器中最为核心的工作，也是设计模糊控制系统的基本物质基础，就像传统控制系统设计中建立系统数学模型一样重要。

4.1.4　机器人路径规划

路径规划是机器人研究领域的一个重要的分支，它指的是在存在障碍物的环境中，机器人根据自身的任务，能够按照一定的评价标准（时间最短、路径最短、耗能最少等），寻找出一条从起始状态（包括位置及姿态）到目标状态（包括位置及姿态）的无碰撞最优或次优路径。

机器人的路径规划问题可以看作一个带约束条件的优化问题。当机器人处于简单或复杂、静态或动态、已知或未知的环境中时，其路径规划问题的研究内容包括环境信息的建模、路径规划、定位和避障等具体任务。路径规划是为机器人完成长期目标而服务的，因此路径规划是机器人的一种战略性问题求解能力。同时，作为自主移动机器人导航的基本环节之一，路径规划是完成复杂任务的基础，规划结果的优劣直接影响到机器人动作的实时性和准确性，规划算法的运算复杂度、稳定性也间接影响机器人的工作效率。因此，路径规划是机器人高效完成作业的前提和保障，对路径规划进行研究，将有助于提高智能机器人的感知、规划以及控制等高层次能力。

机器人路径规划的分类有很多，主要包括：

① 根据外界环境中障碍物是否移动，可以分为环境静止不变的静态规划以及障碍物运动的动态规划。

② 根据目标是否已知，可以分为空间搜索以及路径搜索。

③ 根据机器人所处环境的不同，可以分为室内规划以及室外规划。

④ 根据规划方法的不同，可以分为精确式以及启发式。

⑤ 根据对外界信息的已知程度，可以分为环境信息已知的全局路径规划（又称静态或离线路径规划）以及环境信息未知或部分已知的局部路径规划（又称动态或在线路径规划）。

4.1.4.1　全局路径规划

全局路径规划能够处理完全已知环境中移动机器人的路径。当环境发生变化，如出现未知障碍物时，该方法就无能为力了。这种方法主要包括以下几种：可视图法、栅格法和结构空间法等。

（1）可视图法

将移动机器人视为一点，把机器人、目标点和多边形障碍物的各个顶点进行连接，要求机器人和障碍物各顶点之间、目标点和障碍物各顶点之间以及各障碍物顶点与顶点之间的连线，都不能穿越障碍物，这样就形成了一张图，称为可视图。由于任意两直线的顶点都是可视的，显然移动机器人从起点沿着这些连线到达目标点的所有路径均是无碰路径。

（2）栅格法

将移动机器人工作环境分解成一系列具有二值信息的网格单元，这些网格单元被称为栅格。每一个矩形栅格都有一个累积值 CV，表示在此方位中存在障碍物的可信度，CV 值越高，表征存在障碍物的可能性越高。用栅格法表示格子环境模型中存在障碍物的可能性，通过优化算法在网格单元中搜索最优路径。每个栅格都由固定的值 1 或者 0 来表示，不同的数值用以表明该栅格是否存在障碍物。完成环境建模以后，可以利用搜索算法在地图上搜索一条从起始栅格到目标栅格的路径。应用栅格建模法进行机器人的路径规划主要分为两步：栅格模型设计以及路径搜索。

栅格内所有的区域都是安全可行的则称为完全可行栅格，栅格内的区域都不是安全可行的则称为完全不可行栅格。将完全可行栅格用空白方格表示，完全不可行栅格用黑色方格表示，则机器人的活动环境表示如图 4.16 所示。

传统的路径搜索方法是将起点处的栅格视为参考栅格，从该栅格相邻的栅格中选取表征值最小的栅格作为机器人的行进方向，并将该栅格作为新的参考栅格。重复该过程直到机器人抵达目标点所处的栅格。除了传统的路径搜索方法之外，目前最常用的路径搜索方法还包括启发式算法、A* 算法、遗传算法等。

（3）结构空间法

它是一种数据结构，机器人通过该数据结构来确定物体或自身的位姿。结构空间法建立的一般步骤为：①建立空间结构，对机器人需要规划路径的环境进行建模。这可以是一个平面地图、三维场景或其他适当的表示形式。②将建立的空间结构转化为连通图。这些连接可以是直线、曲

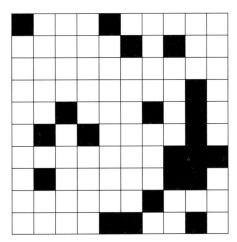

图 4.16　栅格法环境建模

线或其他导航路径，取决于规划算法和环境特性。③使用适当的路径规划算法，在结构区域之间寻找一条可行的全局路径。这通常需要考虑避开障碍物、最小化路径长度或其他优化目标。④对路径进行优化处理。生成的初始路径可能不是最优的，因此可以应用路径优化技术，例如光滑路径、局部搜索等，以提高路径的质量。

4.1.4.2　局部路径规划

局部路径规划方法主要包括人工势场法、遗传算法、神经网络法。

（1）人工势场法

它是一种基于物理学势能概念的方法，用于规划机器人或移动体的路径，使其能够避开障碍物并到达目标位置。它在机器人学和自动控制领域中广泛应用。这种方法通过在空间中建立一个"势场"来指导机器人的移动，就像在物理学中物体在势能场中受力运动一样。障碍物被建模为会对机器人产生斥力的势能源，障碍物越近，斥力越大，机器人就会倾向于避开障碍物。目标点被建模为会对机器人产生引力的势能源，目标点越近，引力越大，机器人就会倾向于朝着目标点移动。在某一位置上，将障碍物斥力和目标点吸引力叠加形成总势能。机器人向势能降低的方向移动，类似于物体受力运动。机器人根据当前位置的势能分布计算一个合适的移动方向，以减小总势能。这个过程可以通过计算总势能的梯度来实现，类似于物理学中的力。人工势场法需要调整势场参数，以使机器人的移动更稳定和可靠。参数的选择可能会影响路径规划的结果。尽管人工势场法具有简单和直观的优势，但它也存在一些问题，如陷入局部最小值、振荡、路径不光滑等。因此，在实际应用中，人工势场法可能需要与其他路径规划方法相结合，以克服其局限性。

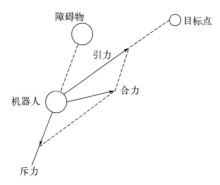

图 4.17　势场力分析示意图

吸引势和排斥势叠加构成机器人运动的虚拟势场，势场的负梯度作为作用在机器人上的虚拟力，使机器人在引力和斥力的合力下运动，该思想类似于电子在正负电荷产生的电场中的运动。势场力分析示意图如图 4.17 所示。

（2）遗传算法

它是一种受到自然界进化理论启发的优化算法。它模拟了生物进化的过程，通过逐代演化，寻找问题的最优解或近似最优解。遗传算法的基本思想是从一个初始种群开始，利用选择、交叉、变异和优化组合等操作，逐代产生新的种群，使种群中的个体逐渐向问题的最优解进化。将机器人的路径表示为一个染色体，其中每个基因表示路径中的一个离散点或行动。随机生成一组初始路径（个体），每个个体对应一条可能的机器人路径。定义一个适应度函数，用于衡量每条路径的好坏。适应度函数可以根据路径的长度、时间、能耗等指标进行评价。根据适应度函数，选择一部分路径作为父代，用于交叉和变异操作，其中适应度较高的路径有更大的机会被选择。从选择的父代路径中选取两个或多个路径，通过交换基因或者其他方式产生新的子代路径。对子代路径进行基因的随机变动，引入一定程度的随机性，以防止陷入局部最优解。通过选择、交叉和变异操作，生成新一代的路径，取代旧的种群。重复执行选择、交叉和变异操作，直到达到预定的迭代次数或满足停止条件为止。在迭代完成后，从最终的种群中选择适应度最高的路径，作为机器人的最佳路径。

　　遗传算法的基本操作包括选择、交叉和变异，该算法利用这些遗传操作来编写控制机构的计算程序，用数学方式对生物进化的过程进行模拟。基本遗传算法的程序流程图如图 4.18 所示。

（3）神经网络法

　　它主要受生物神经网络的启发，由一组高度互连的简单计算单元（神经元）组成。每个神经元均将与其连接的神经元输出的线性组合作为输入。然后，将转换函数应用于该输入以获得神经元的输出。经过基于表征学习的离线强化学习阶段后，神经网络主要用于解决回归或分类问题。用于此目的的最简单的神经网络类型是前馈神经网络，也称为多层感知器。人工神经元模型如图 4.19 所示。

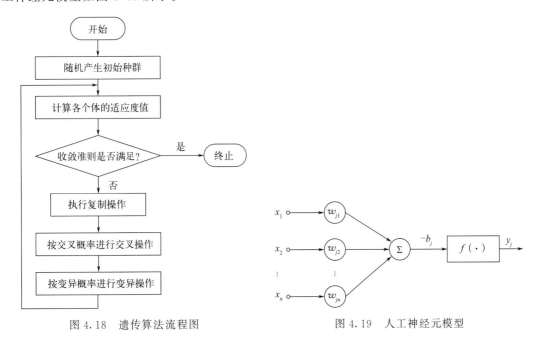

图 4.18　遗传算法流程图　　　　　　图 4.19　人工神经元模型

模型的数学表达式为

$$y_j = f\left(\sum_{i=1}^{n} w_{ji} x_i - b_j\right) \tag{4.17}$$

　　式中，$x_i (i = 1, 2, \cdots, n)$ 为神经元 i 的输入信号；w_{ji} 为连接权系数；b_j 为神经元的偏移量；n 为输入的信号个数；y_j 为第 j 个神经元的输出，$1 \leqslant j \leqslant M$（M 为神经网络中神经元总数）；$f(\cdot)$ 为激励函数。

　　人工神经网络算法过程分为学习期和工作期。在学习期各神经元的权值将会通过学习被修改；在工作期各神经元的权值固定，神经网络经过计算得到稳定的输出值。对机器人进行路径规划，首先要对工作环境进行描述。对环境建模，在算法运算的过程中获取环境中障碍物信息，快速计算输入与输出，即可判断障碍物与路径的关系。障碍物使用矩形或三角形来描述，如图 4.20 所示。如果路径上的任意一点处于障碍物内，则也可以用

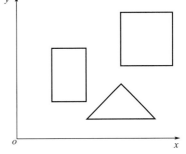

图 4.20　机器人工作空间及障碍物

不等式组约束条件进行描述。

不等式组约束条件如下：

$$\begin{cases} x-1>0 \\ -x-y+9>0 \\ x-y-3>0 \end{cases} \tag{4.18}$$

$$\begin{cases} x-6>0 \\ -x-y+9>0 \\ y-4>0 \\ -y+7>0 \end{cases} \tag{4.19}$$

$$\begin{cases} x-2>0 \\ -x+4>0 \\ y-2>0 \\ -y+5>0 \end{cases} \tag{4.20}$$

以上三个不等式组所约束的区域就表示障碍物的范围，使用神经网络结构表示上述不等式组约束条件，如图 4.21 所示。

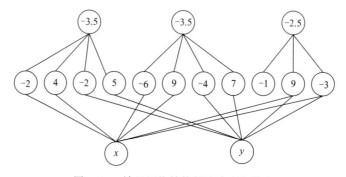

图 4.21　神经网络结构描述障碍物信息

在神经网络结构图中，输入层 x、y 分别表示路径点的坐标值，中间层节点里的阈值表示不等式组约束条件的常数，x、y 与中间层连线的权重数值取自不等式组约束条件中的 x、y 的系数，中间层到输出层的权重数值全部设定为 1，顶层节点的阈值为不等式组的个数减去 0.5 之后的负数。如果坐标点在不等式组约束条件内，表示该点在障碍物内部，否则表示该点在障碍物外部。

选择 S 型函数为神经网络的激活函数，该函数存在通过对路径点与障碍物计算而得到的碰撞检测输出值。当值为 1 时表示路径点位于障碍物内，为 0 时则表示处于障碍物外。利用碰撞罚函数 E_c 和路径长度 E_1 的加权和来构建代价函数。

路径长度 E_1 的表达形式为

$$E_1 = \sum_{i=1}^{N-1} L_i^2 = \sum_{i=1}^{N-1} \left[(x_{i+1} - x_i)^2 + (y_{i+1} - y_i)^2 \right] \tag{4.21}$$

E_c 为所有路径点的碰撞罚函数能量和，具体表达式为

$$E_c = \sum_{i=1}^{N} \sum_{k=1}^{K} C_i^k \tag{4.22}$$

式中，N 为路径点的个数；K 为障碍物的个数；C_i^k 为碰撞罚函数。

从起始点到目标点的无碰撞最优路径表示为

$$E = \mu_1 E_1 + \mu_c E_c \qquad (4.23)$$

式中，μ_1 和 μ_c 为表达式的系数。由最优路径表达式可知，E 取值越小，机器人避障的路径就越短，与障碍物相遇的概率就越小。

4.2　机器人程序设计

机器人程序设计涉及创建和开发控制机器人行为的软件程序。这些程序可以使机器人执行各种任务和功能，从简单的移动和感应到复杂的问题解决和交互均可以实现。机器人程序设计通常需要结合计算机科学、工程学、数学、物理学和人工智能等多个领域的知识。智能机器人的研究与开发，就是机器人硬件、软件和人工智能三者有机结合的结果。

4.2.1　机器人嵌入式操作系统

4.2.1.1　嵌入式系统简介

嵌入式计算机通常被称为嵌入式系统，嵌入式系统是以应用为中心，以计算机技术为基础，软硬件可裁剪，对功能、可靠性、成本、体积、功耗有严格约束的专用计算机系统。嵌入式系统的核心由一个或多个微处理器或微控制器组成，这些微处理器或微控制器被预先编程以执行某些任务。

嵌入式操作系统可以在基于不同类型微处理器的硬件平台上运行，具有兼容性好、操作系统内核体积小、效率高、模块化程度高以及可扩展性强的特点，具有文件和目录管理、多任务、网络支持功能，具有图形窗口和用户界面，具有大量的应用程序编程接口，可以更简单地开发应用程序。除此之外，其含有的嵌入式应用程序软件也很丰富。随着网络技术的不断发展，其与工业控制技术的结合日益紧密。

软件代码小、自动化程度高、响应速度快作为嵌入式系统的显著特点，使嵌入式系统面向用户、产品及应用，并与应用程序紧密集成。其具有很强的专用性，必须与实际的系统要求相结合。嵌入式系统和普通计算机系统的区别如表 4.1 所示。

表 4.1　嵌入式系统与计算机系统的异同

项目	嵌入式系统	计算机系统
外观	独特,各不相同	具有台式机、笔记本计算机等标准外观
组成	面向应用的嵌入式微处理器,总线和外部接口多集成在处理器内部,软件与硬件紧密集成在一起	通用处理器、标准总线、外设软件和硬件相对独立安装卸载
运行方式	基于固定硬件,自动运行,不可修改	用户可以任意选择运行或修改生成后再运行
开发平台	采用交叉开发方式,开发平台一般采用通用计算机	通用计算机
二次开发性	一般不能再做编程开发	应用程序可重新编制
应用程序	固定,应用软件与操作系统整合一体在系统中运行	多种多样,与操作系统相互独立

4.2.1.2 嵌入式系统的组成

嵌入式系统是指嵌入各种设备及应用产品内部的专用计算机系统，而非 PC 系统。嵌入式系统一般由嵌入式微处理器、外围硬件设备、嵌入式操作系统以及用户应用软件四个部分组成，用于实现对其他设备的控制、监视或管理等功能，如图 4.22 所示。

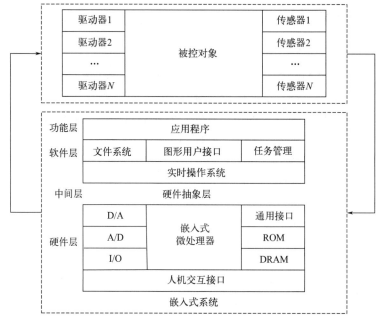

图 4.22　嵌入式系统的典型组成

（1）硬件层

硬件层主要包括嵌入式微处理器、存储器、I/O 接口和通用设备接口。在单片嵌入式微处理器上嵌入电源、存储器和时钟等各电路，就构成了一个完整的嵌入式核心控制模块。ROM 可以固化相应的操作系统和应用程序。ROM 也可以使用 EPROM、EEPROM 或Flash ROM，DRAM（动态随机存储器）也可以使用 FP（快速页面模式）、EDO（扩展数据输出器）、SDRAM（同步动态随机存储器）等。嵌入式微处理器是嵌入式系统的核心，通常把通用 PC 中许多由板卡完成的任务集成到芯片内部，这样可以大幅减小系统的体积和功耗，具有质量轻、成本低、可靠性高等优点。由于嵌入式系统通常应用于比较恶劣的工作环境，因此，嵌入式微处理器在工作温度、电磁兼容性及可靠性要求方面都比通用的标准微处理器要高。嵌入式微处理器可按数据总线宽度划分为 8 位、16 位、32 位和 64 位等不同类型。

（2）软件层

计算机软件是计算机系统中与硬件相互依存的一部分，是机器硬件上运行的程序及其相关数据和资料。它包括程序、相关数据及其说明文档。其中，程序是按照事先设计的功能和性能要求执行的指令序列，数据是程序能正常操纵信息的数据结构，文档是与程序开发维护和使用有关的各种图文资料。嵌入式软件是计算机软件的一种，安装运行在嵌入式系统上，控制嵌入式系统的运行。它既具有通用计算机软件的一般特性，也有自身的独特属性。

（3）功能层

功能层由应用层检测到的传感器信号计算机计算出来，通过驱动器控制受控对象，既可以根据需要提供友好的人机界面，还可以根据不同的应用需要对传感器和执行器进行选型。

4.2.1.3　嵌入式操作系统发展及特点

嵌入式操作系统是一种支持嵌入式系统应用的操作系统软件，它是嵌入式系统（嵌入式硬件与软件系统）极为重要的组成部分。随着网络技术的发展、信息家电的普及应用及嵌入式操作系统的微型化和专业化，嵌入式操作系统开始从单一的弱功能向高专业化的强功能方向发展。

嵌入式系统有别于一般的计算机处理系统，它不具备像硬盘那样大容量的存储介质，大多使用闪存作为存储介质。因此嵌入式操作系统只能运行在有限的内存中，不能使用虚拟内存，中断的使用也受到限制。所以嵌入式操作系统必须结构紧凑，占用存储空间少。大多数嵌入式系统都是实时系统，而且多是强实时多任务系统，这就要求相应的嵌入式操作系统也必须是实时操作系统。

目前，使用最多的嵌入式操作系统有 Linux、Windows CE、μC/OS、Palm OS 和 Vx-Works 等。开源的 Linux 操作系统非常适用于信息家电产品中的嵌入式开发。除此之外，还有应用在智能手机和平板电脑的 Android、iOS 等操作系统。

Linux 从 1991 年问世至今，经过不断改进，成了一种功能强大、设计完善的操作系统。嵌入式 Linux 具有以下特点：①内核精简、性能高、稳定、多任务。②适用于不同的嵌入式微处理器，支持多种体系结构。③提供完整的开发工具和 SDK（软件开发工具包），同时提供 PC 上的开发版本。④提供图形化的用户定制和配置工具。⑤Linux 是开放源代码的，不存在黑箱技术。⑥嵌入式 Linux 系统支持几十种微处理器。⑦完善的中文支持，强大的技术支持，完整的文档。

4.2.2　编程语言类型与系统组成

4.2.2.1　机器人编程语言类型

随着机器人的发展，机器人编程语言也得到了发展和完善。早期的机器人结构简单，功能单一，因此采用固定程序或者示教的形式来操纵机器人运动。但是，随着机器人技术的发展，固定程序或者示教形式的编程已经满足不了许多工作要求，必须依靠能适应作业和环境随时变化的机器人编程语言来完成机器人的工作。

机器人编程语言种类繁多，而且新的语言层出不穷。这是因为机器人的功能不断拓展，需要新的语言来配合其工作。另外，机器人编程语言多是针对某种类型的具体机器人而开发的，所以通用性很差，几乎一种新的机器人问世，就有一种新的机器人编程语言与之配套。

机器人编程语言尽管有很多分类方法，但通常可以分为三类：动作级、对象级、任务级。

（1）动作级编程语言

动作级编程语言是最低一级的机器人编程语言。它以描述机器人的运动为主，一个动作对应一条指令。动作级编程语言的优点是编程比较简单。缺点是功能有限,不能进行复杂的运算,不能处理复杂的传感信号,只能接收传感器开关信息,其与计算机的通信能力很差。常用的动作级编程语言是 VAL 语言。动作级编程又可分为关节级编程和终端执行器级编程两种。

① 关节级编程。关节级编程是以机器人的关节为对象,给出机器人各关节位移的时间序列。直角坐标型机器人和圆柱坐标型机器人的编程比较简单;而对于具有回转关节的关节型机器人,即使完成简单的作业,也要首先进行运动方程求解才能编程,整个编程过程很不方便。示教时,有时需要对机器人的某个关节进行操作,常通过示教盒上的操作键进行。

② 终端执行器级编程。终端执行器级编程是一种在作业空间内各种设定好的坐标系里编程的编程方法。在特定的坐标系内,编程应在程序段的开始予以说明,系统软件将按说明的坐标系对下面的程序进行编译。这种语言的指令由系统软件解释执行,可提供简单的条件分支,可应用子程序,并提供较强的感受处理功能和工具使用功能。

(2) 对象级编程语言

所谓对象即作业及作业物体本身。对象级编程语言是比动作级编程语言高一级的编程语言,它不需要描述机器人手爪的运动,只需要由编程人员用程序的形式给出作业本身顺序过程的描述和环境模型的描述,即描述操作物与操作物之间的关系。

对象级编程语言以近似自然语言的方式描述作业对象的状态变化,指令语句是复合语句结构,用表达式记述作业对象的位姿时序数据及作业用量、作业对象承受的力、力矩等时序数据。对象级编程语言有 AML 和 AUTOPASS 等,这类语言能够接收到复杂的传感器信号,并可以对接收的传感器信号进行控制和更改。该类语言数字计算功能强,可以进行复杂计算。同时,该类语言还可以根据用户实际需要,扩展语言的功能。

(3) 任务级编程语言

任务级编程语言是更高级的一种语言,允许使用者对工作任务所要求达到的目标直接下命令,不需要规定机器人所做的每一个动作的细节。这类语言不需要用机器人的动作来描述作业任务,也不需要描述机器人操作物的中间状态,只需要按照某种规则描述机器人操作物的初始状态和最终目标状态。机器人会自主利用已获得的环境信息和知识库对数据进行计算处理,生成机器人的动作顺序和数据。例如,当需要完成螺钉的装配时,知道螺钉的起始位置和目标位置后,当发出抓取螺钉的命令时,系统会在初始位置和目标位置之间寻找路径,经过计算和推理,会找出一条不会与周围障碍物产生碰撞的合适路径。在螺钉的装配过程中,作业方案的设计、工序的选择、动作的前后安排都可以由计算机自主完成。

4.2.2.2　编程语言系统组成

机器人编程语言系统如图 4.23 所示,它能够支持机器人编程、控制,以及外围设备、传感器和机器人的接口,还支持和计算机系统的通信。

机器人编程语言系统包括三个基本的操作状态:监控状态、编辑状态和执行状态。

监控状态是用来对整个系统进行监督和控制的。在监控状态,操作者可以用示教器定义机器人在空间的位姿,设置机器人运动速度,存储和调出程序。

编辑状态是供操作者编制程序或编辑程序的。尽管不同语言的编辑操作不同,但是一般都包含写入指令、修改或删除指令,以及插入指令等。

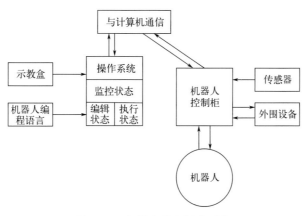

图 4.23　机器人编程语言系统

执行状态是用来执行机器人程序的。在执行状态下，对机器人执行的每一条指令中的错误，操作者都可以通过调试程序来修改。例如，在程序的执行过程中，某一位置关节超过限制，因此机器人不能执行，在显示器上显示错误信息，并停止运行，此时操作者可以返回到编辑状态修改程序。大多数机器人编程语言允许在程序执行过程中直接返回到监控状态或者编辑状态。

4.2.3　常用机器人编程语言

机器人编程语言具有良好的通用性，同一种机器人编程语言可用于不同类型的机器人。目前主要的机器人编程语言有以下几种，如表 4.2 所示。

表 4.2　常用机器人编程语言

序号	语言名称	简要说明
1	AL	用于机器人动作及对象的描述
2	VAL	用于 PUMA 机器人
3	Python	解释型脚本语言
4	C	高级机器人编程语言
5	C++	高级机器人编程语言
6	Java	面向对象的高级编程语言
7	WAVE	操作器控制符号语言
8	DIAL	具有 RCC(远心柔顺)手腕控制的特殊指令
9	LM	用于装配机器人
10	MAL	双臂机器人装配语言,其特征是方便

（1）AL 语言

AL 语言是 20 世纪 70 年代中期美国斯坦福大学人工智能研究所开发研制的一种机器人编程语言，它是在 WAVE 的基础上开发出来的，也是一种动作级编程语言，但兼有对象级编程语言的特征，适用于装配作业。AL 语言用于具有传感器信息反馈的多台机器人并行的编程。运行 AL 语言的系统硬件环境包括主、从两级计算机控制。主机负责管理、处理各部分的工作，编译器对 AL 语言进行编译和检查，并且负责主、从计算机接口的连接。主机根据 AL 语言编译，对机器人的运动轨迹进行计算和规划。从机的作用是接收主机的指令，对轨迹和关节参数实时计算得出结果，经过处理后的数据信息向机器人发出具体的动作指令，机器人接收指令后完成运动。AL 语言的系统硬件环境如图 4.24 所示。

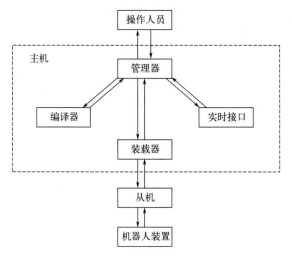

图 4.24   AL 语言的系统硬件环境

（2）VAL 语言

VAL 语言适用于机器人两级控制系统，上位机为 LSI-11/23，下位机为机器人各关节上的微处理器，该处理器可以实时对机器人关节控制。VAL 语言命令简单，清晰易懂，与上位机通信比较方便，实时交互性比较强。可以在在线和离线状态下编程，用于多种计算机控制，可以计算不同坐标系下运动的连续轨迹，生成控制信号，可以由操作人员在线修改程序和生成程序。VAL 有一些子程序库，在操作过程中可以结合几种子程序完成复杂操作控制，也可以与外部存储器进行数据传输。

（3）Python 语言

Python 语言的创始人为荷兰的 Guido，他在 1989 年开发了 Python 语言的编译器。2000 年 10 月，Python 2.0 发布。自 2004 年开始，Python 语言逐渐引起广泛关注，使用用户率呈线性增长。2008 年 12 月，Python 3.0 发布。此后 Python 语言成为最受欢迎的程序设计语言之一。Python 语言容易上手，但它跟传统的高级程序设计语言存在较大的差别，比较直观的差别是它跟其他语言的编程风格不一样。

Python 语言是一款解释型、面向对象的、动态数据类型、跨平台的高级程序设计语言，是高层次的结合了解释性、编译性、互动性和面向对象的脚本语言。如果完成同一个任务，使用 C 语言需要编写 1000 行代码，使用 Java 语言只需要编写 100 行代码，而使用 Python 语言可能只要编写 20 行代码。另外，Python 语言也是一种简单易学的程序设计语言。Python 语言的特点总结如图 4.25 所示。

（4）C 语言

C 语言是由贝尔实验室的 Dennis Ritchie 在 20 世纪 70 年代初开发的。C 语言是一种用途广泛、功能强大、使用灵活的过程性编程语言，既可用于编写应用软件，又可用于编写系

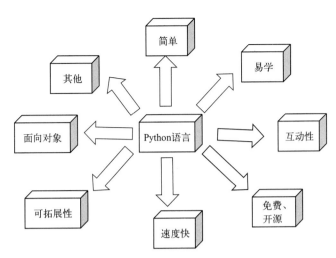

图 4.25　Python 语言的特点

统软件，因此 C 语言问世以后得到迅速推广。

C 语言主要有以下特点：

① 语言简洁、紧凑，使用方便、灵活。C 语言程序比其他许多高级语言简练，源程序短，因此输入程序时工作量少。

② C 语言编写的程序可移植性好。可移植性好是指对源代码不需要做改动或只需稍加修改，就能够在其他机器上编译后正确运行。

③ 表达能力强。C 语言有丰富的数据结构和运算符，灵活使用各种运算符可以实现难度极大的运算。

④ 结构清晰，程序结构模块化。C 语言是结构化程序设计语言，具有顺序、分支、循环三种控制结构，且以函数作为程序单位，便于开发大型软件。

C 语言在机器人开发过程中具有广泛的应用，主要体现在以下几个方面：①底层控制和驱动程序编写。C 语言具有直接访问底层硬件的能力，可以通过编写底层控制和驱动程序，实现对机器人硬件的精确控制。②实时系统开发。许多机器人应用需要实时性能，例如自主导航、运动控制等。③嵌入式系统开发。很多机器人系统是基于嵌入式系统构建的，包括单片机、嵌入式 Linux 系统等。

（5）C++语言

C++语言是在 C 语言的基础上扩充形成的一种语言，20 世纪 80 年代贝尔实验室的 Bjarne Stroustrup 在 C 语言的基础上设计出了 C++语言，该语言非常适用于大型系统软件和应用软件的开发。

C++语言是一种既可面向对象又可面向过程的混合型程序设计语言，所以，它既具有 C 语言的面向过程的特点，又增加了许多面向对象程序设计的特点。具体归纳如下：

① C++语言表达简洁、紧凑，使用灵活、方便，关键字及控制语句较少。

② C++语言支持数据封装。

③ C++语言支持继承性，允许一个类可以根据需要生成派生类。

④ C++语言支持多态性，允许同名函数以不同的参数类型或不同的参数个数实现重载。

C++语言在机器人开发中具有重要的地位和广泛的应用。它的面向对象特性、高效性和可移植性使得它成了机器人开发过程中的重要工具之一，主要体现在以下几个方面：①C++语言提供了丰富的模板和标准库，可以编写高效的实时系统，满足机器人对于快速响应的需求。②ROS（机器人操作系统）开发。ROS 是一个用于机器人开发的开源框架，提供了一系列用于编写机器人软件的工具和库。ROS 中的大部分代码都是用 C++语言编写的。

（6）Java 语言

Java 语言于 1995 年 5 月由 SUN 公司推出，是一种具有跨平台特点的面向对象的高级程序语言，20 世纪 90 年代后期，互联网发展迅速，人们希望有能适应不同硬件设备和操作系统的跨平台程序语言。Java 语言是目前使用得最广泛的网络程序语言之一，在 Windows 应用、Web 网站、企业应用、移动设备或其他智能设备的开发领域，Java 语言几乎无所不能，这都归功于其具有的语法简单、面向对象、与平台无关、多线程、分布式、安全性、动态性、高性能等特点。

Java 在机器人编程中的应用非常广泛，特别是在工业机器人和智能机器人领域，其应用主要体现在以下几个方面：①工业机器人控制。Java 可以用于编写工业机器人的控制软件。工业机器人通常需要高性能和稳定性，而 Java 的面向对象特性和丰富的库可以帮助开发人员更轻松地管理复杂的控制逻辑。②机器人视觉。Java 在机器人视觉方面的应用也很广泛。例如，使用 Open CV 库结合 Java 编写的代码可以帮助机器人进行图像处理和分析，实现目标识别、跟踪等功能。③仿真环境。Java 还可以用于开发机器人的仿真环境。

4.3　机器人通信技术

机器人通信技术是指使机器人能够与人类或其他机器人进行信息交流和互动的技术和方法。这种通信可以是双向的，允许机器人接收和传递信息，以便执行特定的任务或与人类合作。机器人通信技术可以分为内部通信和外部通信，内部通信主要通过各部件的软硬接口来实现。外部通信是机器人与控制者或者机器人之间的信息交互。机器人通信技术的发展使机器人能够更好地与人类互动，执行各种任务，应用于制造、医疗、服务、军事和娱乐等领域。这些技术的不断进步将继续推动机器人技术的发展，使机器人在各种应用中变得更加普遍和有用。

4.3.1　无线通信方式

随着科技的发展，机器人被广泛应用于各个领域，包括工业制造、医疗卫生、航空航天、农业、服务业等。由于机器人的应用场景多样且广泛，因此需要适应不同环境下的无线通信方式。机器人需要具备高度自主和灵活的能力，能够独立完成复杂的任务。在执行任务过程中，机器人需要与外部环境进行实时通信和信息交互。针对不同的应用场景和需求，研究人员探索了各种无线通信协议，如 Wi-Fi、蓝牙、ZigBee、NFC 等，以及它们的组合和优化。例如，Wi-Fi 在长距离和高速率传输方面具有优势，但功耗较大；蓝牙在短距离传输方面具有优势，且功耗较低。因此，研究人员提出了多种基于 Wi-Fi 和蓝牙的混合通信协议，以实现更高效和节能的无线通信。在机器人操作过程中，无线通信的稳定性和可靠性对机器人的操作效率和执行任务的成功率具有重要意义。研究人员通过改进无线通信技术、增加信号强度和稳定性、加强数据加密和认证等方面的研究，提高无线通信的稳定性和可靠性。

将无线通信技术与机器人技术进行结合，以实现机器人之间的协同工作。例如，通过无线通信技术实现机器人之间的信息共享和协同作业，从而提高整体的工作效率和质量。在机器人无线通信中，安全性问题和隐私保护也是一个重要的研究方向，通过加强数据加密、认证和访问控制等方面的研究，保障无线通信的安全性和隐私保护。

无线通信系统由五个部分组成：信号源、发射设备、传输媒质、接收设备、收信人，无线通信系统的组成如图 4.26 所示。

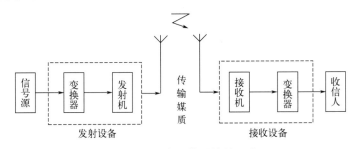

图 4.26　无线通信系统的组成

信号源提供需要传送的信息；发射设备由变换器和发射机组成，变换器完成待发送的信号（图像、声音等）与电信号之间的转换，发射机将电信号转换成高频振荡信号并由天线发射出去；传输媒质是指信息的传输通道，对于无线通信系统来说，传输媒质是指自由空间；接收设备由接收机和变换器组成，接收机将接收到的高频振荡信号转换成原始电信号，以方便收信人接收，收信人是指信息的最终接收者。

4.3.1.1　蓝牙技术

蓝牙作为一个全球开放性无线应用标准，通过把网络中的数据和语音设备用无线链路连接起来，使人们能够随时随地实现个人区域内语音和数据信息的交换与传输，从而实现了信息交互的快速灵活性。蓝牙实际上是一种短距离、低成本的无线电连接技术，是一种能够实现语音和数据无线传输的开放性方案。利用蓝牙技术能够有效地简化掌上电脑、笔记本电脑和移动电话的通信，也能够成功地简化以上这些移动设备与网络的连接，使这些设备与网络之间的数据传输变得更加高效。蓝牙技术的实际应用范围可以拓展到各种家电产品、消费电子产品和汽车、机器人等领域。在这些应用领域，可以用蓝牙产品组成个人域无线通信网络，使个人计算机主机与键盘、显示器和打印机之间摆脱纷乱的连线。

蓝牙系统一般由天线单元、链路控制（硬件）单元、链路管理（软件）单元和软件（协议栈）单元四个功能单元组成。

（1）天线单元

蓝牙的天线部分十分小巧，重量轻，属于微带天线。蓝牙空中接口是建立在天线电平为 1mW 的基础上的。空中接口遵循 FCC（美国联邦通信委员会）有关电平为 1mW 的 ISM 频段的标准。如果全球电平达到 100mW 以上，那么可以使用扩展频谱功能来增加一些补充业务。

（2）链路控制（硬件）单元

目前蓝牙产品的链路控制（硬件）单元包括 3 个集成器件：连接控制器、基带处理器以及射频传输/接收器。此外还使用了 3～5 个单独调谐元件。链路控制单元负责处理基带协议和其他一些低层常规协议。

（3）链路管理（软件）单元

链路管理（LM）单元携带了链路的数据设置、鉴权、链路硬件配置和其他一些协议。LM 能够发现其他远端 LM 并通过 LMP（链路管理者协议）与之通信。LM 模块提供如下服务：发送和接收数据、请求名称、查询链路地址、建立连接、鉴权、协商和建立链路模式、决定帧的类型等。

（4）软件（协议栈）单元

蓝牙的软件（协议栈）单元是一个独立的操作系统，不与任何操作系统捆绑，它符合已经制定好的蓝牙规范。蓝牙规范包括两部分：第一部分为核心部分，用以规定诸如射频、基带、连接管理、业务发现、传输层以及与不同通信协议间的互用、互操作性等组件；第二部分为应用规范部分，用以规定不同蓝牙应用所需的协议和过程。软件单元用来完成数据流的过滤和传输、调频和数据帧传输、连接的建立和释放、链路的控制、数据的拆装、服务质量、协议的复用和分用等功能。

（5）蓝牙的技术参数

蓝牙的技术参数如表 4.3 所示。

表 4.3 蓝牙的技术参数

项目	参数
工作频段	ISM 频段，2.402～2.480GHz
双工方式	全双工、TDD（时分双工）
数据速率	1Mb/s
非同步信道速率	非对称连接 721/57.6kb/s，对称连接 432.6kb/s
同步信道速率	64kb/s
功率	美国 FCC 要求＜0dbm(1mW)，其他国家可扩展为 100mW
工作模式	park/hold/sniff（休眠/保持/呼吸）
数据连接方式	面向连接业务 SCO（同步的面向连接的链路），无连接业务 ACL（异步无连接链路）
纠错方式	1/3FEC（前向纠错）、2/3FEC、ARQ（自动重位请求）
鉴权	采用反应逻辑算术
发射距离	一般可达 10cm～10m，增加功率情况下可达 100m

4.3.1.2 ZigBee 无线通信技术

ZigBee 中文为"紫蜂"，是一种短距离、结构简单、低功耗、低数据速率、低成本和高可靠性的双向无线网络通信技术。ZigBee 采用了 IEEE 802.15.4 作为物理层和媒体接入层规范，并在此基础上制定了数据链路层（DLL）、网络层（NWK）和应用程序接口（API）规范，最后形成了被称作 IEEE 802.15.4（ZigBee）的技术标准。

为了满足低功率、低价格无线网络的需要，IEEE 的新标准委员会开始制定低速率无线个域网（LR-WPAN）标准，称为 IEEE 802.15.4。标准委员会的目标是：在廉价的、固定或便携的、移动的装置中，提出一个具有超低复杂度、超低价格、超低功耗、超低数据传输速率的无线接入标准。该委员会的工作任务是制定物理层和媒体介入控制层的规范。

IEEE 802.15.4 标准最明显的特征是数据吞吐率从几位每日到几千位每秒。许多低端应用不会产生大量的数据，所以只需要有限的带宽，而且通常不需要实时数据传输或连续更新。ZigBee 是一种新兴的短距离、低功耗、低数据传输速率的无线网络技术，它是一种介于无线标记技术和蓝牙之间的技术方案。ZigBee 建立在 IEEE 802.15.4 标准之上，它确定了可以在不同制造商之间共享的应用纲要。

4.3.2　Wi-Fi 通信技术

Wi-Fi 是使用无线信道作为传输媒介的计算机局域网，是有线联网方式的重要补充和延伸，并逐渐成为计算机网络中一个至关重要的组成部分。它使用无线电波作为数据传送的媒介，传送距离一般为几十米，广泛应用于需要移动数据处理或无法进行物理传输介质布线的领域。常见的 Wi-Fi 设备是无线路由器，在无线路由器电波覆盖的有效范围内都可以采用 Wi-Fi 连接方式进行联网。如果无线路由器连接了一条 ADSL（非对称数字用户线）线路或者其他上网线路，则又可称其为"热点"。

（1）Wi-Fi 网络基本结构

IEEE 802 工作组定义了首个被广泛认可的无线局域网协议——IEEE 802.11 协议。协议中指出了 Wi-Fi 的三层结构，如表 4.4 所示。Wi-Fi 网络基本结构由物理层（PHY）、介质访问控制层（MAC）及逻辑链路控制层（LLC）三部分组成。

表 4.4　Wi-Fi 的三层结构（IEEE 规定）

802.2LLC				
802.11MAC				
802.11PHY FHSS(跳频扩频)	802.11PHY DHSS(直接序列扩频)	802.11PHY IR/DSSS (红外/直接序列扩频)	802.11PHY OFDM(正交频分复用)	802.11PHY DSSS/OFDM
802.11b 11Mbit/s,2.4GHz			802.11a 54Mbit/s,5GHz	802.11g 54Mbit/s,2.4GHz

（2）Wi-Fi 通信的优点

① 无须布线。Wi-Fi 最主要的优势在于不需要布线，可以不受布线条件的限制，因此适合移动办公用户，具有广阔的市场前景。目前，它已经从传统的医疗保健、库存控制和管理服务等特殊行业向更多行业拓展，并已进入家庭和教育机构等领域。

② 健康安全。IEEE 802.11 规定的发射功率不超过 100mW，实际发射功率为 60～70mW，而手机的发射功率为 200mW，手持式对讲机的发射功率高达 5W。

③ 组建方法简单。宽带网络［ADSL，小区 LAN（局部区域网）等］，连接上 AP（无线接入点），再把计算机装上无线网卡，即可共享网络资源。对于普通用户来说，仅需要使用一个 AP 即可，甚至用户的邻里得到授权后，无须增加端口，也能以共享的方式上网。

④ 覆盖范围广。Wi-Fi 的覆盖范围能达到半径 100m 左右，超过了蓝牙技术的有效范围。Wi-Fi 解决了高速移动时数据的纠错问题和误码问题。

（3）Wi-Fi 网络的建立

对于家庭网络来说，建立 Wi-Fi 网络，最重要的是要准备一台无线路由器。它是无线网络的发射中枢，一切应用都围绕着这个中枢展开。无线路由器的作用是将具有无线上网功能的计算机、游戏机、手机和 PDA（个人数字助理）等设备连接在一起。

Wi-Fi 网络的建立包括以下几个步骤。确定网络需求和场地特点，规划网络拓扑结构、设备数量、布局和安装位置。选购设备，根据规划结果选购合适的 Wi-Fi 路由器、交换机、无线接入点、电缆等设备。按照设备厂商提供的说明书，对设备进行配置，包括设置无线网络名称。使用手机、电脑等设备连接 Wi-Fi 网络，测试网络覆盖范围、数据传输速度等指标。

4.3.3 卫星通信技术

卫星通信是指利用通信卫星转发器实现地面站之间、地面站与航天器之间的无线通信。这里的地面站是指在地球表面（包括地面、海洋和大气中）的无线电通信站。

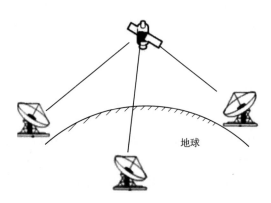

卫星通信是在地面微波中继通信和空间技术的基础上发展起来的。通信卫星的作用相当于离地面很高的微波中继站。由于用于宽带通信的无线电波是以微波频率形式沿直线传播的，因而长距离通信需要利用中继器传送信号。卫星可以连接地球上相距数千千米的地点，因而十分适合作为长途通信中继器的安装点。卫星通信原理示意图如图 4.27 所示。

图 4.27 卫星通信原理示意图

4.3.3.1 卫星通信的分类

世界上建成了数以百计的卫星通信系统，归结起来可进行如下分类。

① 按卫星制式分类：同步卫星通信系统、随机轨道卫星通信系统和卫星移动通信系统。

② 按通信覆盖区域的范围分类：国际卫星通信系统、国内卫星通信系统和区域卫星通信系统。

③ 按用户性质分类：公用（商用）卫星通信系统、专用卫星通信系统和军事卫星通信系统。

④ 按业务范围分类：固定业务卫星通信系统、广播电视卫星通信系统和科学实验卫星通信系统。

4.3.3.2 卫星通信的特点

（1）通信距离远

卫星距地面 35000km，其视区（波束可覆盖的区域）可达地球表面积的 42%，最大通信距离可达 18000km，中间无须再加中继站。只要视区内的地面站与卫星间的信号传输满足技术要求，通信质量便有了保证，建站经费不因通信距离的远近而变化。因此在远距离通信上，卫星通信比微波接力、电缆、光缆通信等有明显优势。

（2）通信容量大，能传送的业务类型多

由于卫星通信采用微波频段，可供使用的频带资源较宽，一般在数百兆赫以上，因此适用于传输多种业务。随着新体制、新技术的不断发展，卫星通信的容量越来越大，传输业务的类型越来越多样化。卫星通信的电波主要在大气层以外的宇宙空间传输，而宇宙空间近乎真空状态，电波传播比较稳定，且受地面和环境条件影响小，通信质量稳定可靠。

（3）可以自发自收进行监测

只要地面站收发端处于同一覆盖区，通过卫星向对方发送的信号自己也能接收，就可以监视本站所发信息是否正确传输，以及通信质量的优劣。

（4）覆盖面积大，便于实现多址连接

卫星通信系统类似于一个多发射台的广播系统，每个有发射机的地球站都是一座广播发射台，只要在卫星天线波束的覆盖区域内，无论什么地方，都可以收到所有的广播。在通信卫星所覆盖的区域内，所有地面站都能利用该卫星进行通信，可以实现多址连接，并且 3 颗同步卫星即可基本覆盖整个地球表面。

4.3.3.3 卫星通信的缺点

（1）卫星的发射和控制技术比较复杂

由于卫星与地面相距数万公里，并且电磁波在自由空间传播时损耗很大，加上空间环境复杂多变，因此要把卫星发射到静止轨道上精确定点，并经常保持较小的漂移，难度是很高的。

（2）有较大的传播时延和回波干扰

在静止卫星通信系统中，星站之间的单程传播时延约为 0.27s，进行双向通信时，往返的传输时延则约为 0.54s，这会在通话时给人很不自然的感觉。此外如不采取特殊措施，还会由于混合线圈不平衡等因素产生"回波效应"，形成回波干扰。

（3）卫星通信容易被敌方窃取和破坏

静止卫星离地球数万公里，作为中继站，既无人值守，更无人维修。若卫星上一个机械器件发生故障或损坏，就可能引起通信卫星的失效。卫星公开暴露在空间轨道上，容易被敌方窃收、干扰甚至摧毁。

4.3.3.4 卫星通信系统的组成及工作原理

卫星通信系统的组成如图 4.28 所示。

（1）空间段

空间段主要由通信卫星组成，可以使用一颗或多颗卫星。卫星是通信装置的载体。除了通信卫星外，空间段还包括所有用于卫星控制和监测的地面设施，即监控管理系统、跟踪遥测系统以及能源装置等。通信卫星为系统内的各地球站转发信号。因此，通信卫星的构成与

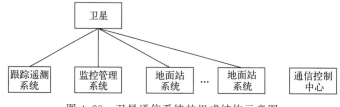

图 4.28　卫星通信系统的组成结构示意图

采用的技术与卫星信道的建立和使用有着密切关系，对系统性能具有决定性的影响。

（2）地面段

地面段包括所有的地面站，这些地面站通常通过 1 个地面网络连接到终端用户设备，或者直接连接到终端用户设备。地面站的主要功能是将发射的信号传送到卫星，再从卫星接收信号。根据地面站的服务类型，地面站可分为用户站、关口站和服务站三类。

在一个卫星通信系统中，各地面站中各个已调载波的发射或接收通路经过卫星转发器转发，可以组成很多条单跳或者双跳的单工或双工卫星通信线路，整个通信系统的通信任务就是分别利用这些线路来实现的。单跳单工的卫星通信系统进行通信时，地面用户发出的基带信号经过地面通信网络传送到地面站。在地面站，通信设备对基带信号进行处理，使其成为已调射频载波后发送到卫星。

4.3.4　5G 通信技术

5G 即第五代移动电话行动通信标准，也称第五代移动通信技术，是 4G 的延伸。5G 具有高速率、宽带宽、高可靠、低时延等特征。随着无线移动通信系统带宽和能力的增加，面向个人和行业的移动应用快速发展，移动通信相关产业生态将逐渐发生变化，5G 不仅仅是更高速率、更大带宽、更强能力的空中接口技术，而且是面向用户体验和业务应用的智能网络。

4.3.4.1　5G 通信的特点

5G 通信（第五代移动通信技术）具有许多特点，这些特点使其与之前的通信技术（如 4G）相比具有更高的性能和更大的应用潜力。

① 更高的数据速度。5G 通信提供了比 4G 通信更高的数据速度，可以实现更快的下载和上传。这使得在线视频、高清游戏和实时视频通话等应用更加流畅。

② 低延迟。5G 通信具有极低的延迟，通常在 1 毫秒以下。这对于需要实时响应的应用，如自动驾驶汽车、远程医疗和远程操作机器人，非常重要。

③ 更高的网络容量。5G 网络具有更高的容量，可以处理更多的数据流量，这对于繁忙的城市地区和大型活动场馆非常重要。

④ 更好的覆盖范围。5G 网络可以在更广泛的地理范围内提供覆盖，包括城市、农村，甚至偏远地区。

⑤ 设计理念先进。不同于传统的主张大范围覆盖而兼顾室内的通信系统设计理念，5G 移动通信致力于室内通信业务的优化，旨在提升室内无线网络覆盖率和室内业务的支撑力。

⑥ 用户体验提升。5G 可以支持更多的设备同时连接到网络，可以依据流量的使用度实时调整网络资源，实现低能耗和低运营成本。5G 通信能提升对交互式游戏、虚拟现实的支撑能力。

4.3.4.2　5G 通信的关键技术

（1）高频段传输

移动通信传统工作频段主要集中在 3GHz 以下，这使得频谱资源十分拥挤，而在高频段（如毫米波、厘米波频段）可用频谱资源丰富，能够有效缓解频谱资源紧张的现状，可以实现极高速短距离通信，支持 5G 容量和传输速率等方面的需求。高频段在移动通信中的应用是未来的发展趋势，科学界对此高度关注。足够量的可用带宽、小型化的天线和设备、较高的天线增益是高频段毫米波移动通信的主要优点，但也存在传输距离短、穿透和绕射能力差、容易受气候环境影响等缺点。射频器件、系统设计等方面的问题也有待进一步研究和解决。

（2）全双工技术

全双工技术能够实现同时同频的双向通信，能够同时接收一条信道上两个不同方向的信号，能够实现频谱的灵活使用，进而减少无线资源的浪费。随着器件技术和信号处理技术的不断发展，同时同频的全双工技术也逐渐成为当前研究的热点。由于接收和发送信号之间存在功率差异，全双工技术首先要解决自干扰的抵消问题。

（3）超密集异构网络技术

5G 技术的出现不仅解决了 4G 高能耗的问题，同时使网络更加智能化，更具多样性。在 5G 技术投入使用后，用户黏性得到了提升，流量使用量也呈直线上涨趋势。因此，在进行超密集异构网络技术的使用时，网络运营商可以尝试进一步缩减终端与节点间的距离，确保 5G 网络速率的提升。目前异构网络技术的应用中，运营商往往会通过感知附近节点的方式来提升网络运行效率，平衡区域网络，减轻区域网络的运行压力。

（4）自组织网络技术

自组织网络技术主要发源于移动通信网络智能化进步过程中，该技术自身所具备的应用性能将会随着通信技术应用水平的提高而提高。就技术本身来讲，在网络优化和网络恢复方面有着良好的作用，具体内容便是由于使用者对于网络的要求越来越高，往往能够将自组织网络技术直接使用在网络中。自组织网络技术不光可以保证网络自行恢复，还可以根据自身组成结构情况以及形式对网络加以优化完善，使得网络能够更好地对现实情况予以适应。自组织网络技术是当前极为智能化、有效化的技术之一，其自身的自动化程度在故障的检测过程发挥着关键作用，并且可以在网络正常运行过程中及时发现故障并对故障加以解决，提升网络的稳定性与安全性。

4.4　本章习题

（1）机器人控制系统由几部分组成？各有什么功能？

（2）机器人常用的控制器有哪些，以及各有什么配置？

（3）简述机器人常用的接口电路有哪些，以及各自的工作原理。

（4）简述常用的机器人控制算法有哪些，以及各自特点。

（5）机器人控制算法中，变结构系统的"变结构"有哪几种含义？

（6）列举一种全局路径规划方案并说明其原理。

（7）简述机器人嵌入式操作系统的组成，以及与计算机系统的区别。

（8）计算机编程语言的类型以及常用的编程语言有哪些？

（9）机器人编程语言系统有哪几种操作状态？各有什么作用？

（10）机器人常见的无线通信方式有哪些？各有什么应用特点？

（11）卫星通信系统有什么优点和缺点？

（12）实现 5G 通信的关键技术有哪些？

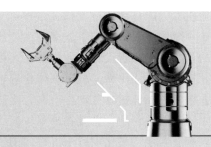

第 5 章

各类机器人及其应用

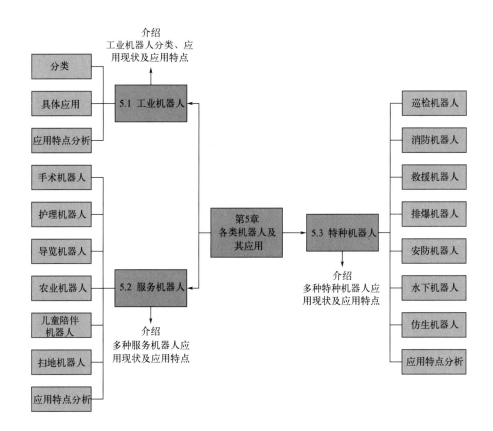

5.1 工业机器人

工业机器人是近代自动控制领域中出现的一项新技术,是机器人学的一个分支,是目前发展最成熟、应用最多的一类机器人,是现代机械制造中的一个重要组成部分。

工业机器人能自动执行工作，是靠自身动力和控制能力来实现各种功能的一种机器，是面向工业领域的多关节机械手或多自由度的机器装置。它可以接受人类指挥，也可以按照预先编排的程序运行，现代的工业机器人还可以根据人工智能技术制定的原则纲领行动，具有可编程、拟人化、通用性、机电一体化等特点。

工业机器人能够提高劳动生产率，提高产品质量，对改善劳动条件和产品的快速更新换代起着十分重要的作用，尤其在高温、高压、粉尘、噪声以及带有放射性和污染的场合，工业机器人有着其他自动化设备不可替代的优势。

工业机器人是集机械、电子、控制、计算机、传感器、人工智能等多学科的先进技术于一体的现代制造业自动化的重要装备。工业机器人的应用在实现工业生产机械化和自动化的步伐中起到了重要作用，促进了相关学科如机器人学、人工智能、机械工程、电子工程等的发展进步，同时也对社会经济的发展产生了巨大的影响。

5.1.1 工业机器人的分类

工业机器人是机器人的一个重要分支，其结构也是由三大部分、六个子系统组成，即机械本体、传感器部分和控制部分三大部分；驱动系统、机械结构系统、感知系统、机器人-环境交互系统、人-机交互系统，以及控制系统六个子系统。

工业机器人的分类方法很多，也相当复杂，国际上没有一种分类方法可以将各类机器人都包括在内。目前，多数的机器人是按照不同的功能、目的、用途、规模、结构、坐标及驱动方式等进行分类的。本小节将工业机器人按照机械结构、操作机的坐标形式和技术等级等方式进行分类，如图 5.1 所示。

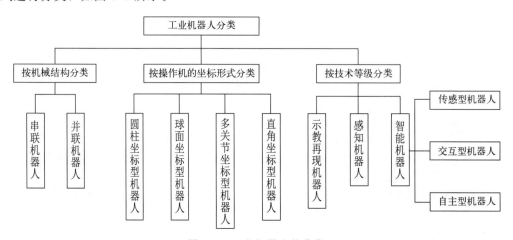

图 5.1 工业机器人的分类

（1）串联机器人

串联机器人是一种常见的工业机器人，由多个关节连接而成，形成一个机械臂的链式结构。这种机器人具有灵活性高、自由度大、工作空间广等优势，能够根据不同的应用场景进行灵活调整，实现各种复杂的动作，从而满足各种特定的加工任务需求。同时，它支持多种工作模式，能够自由地实现位置变换、加工、装配和服务功能。一种 6 自由度的串联机器人如图 5.2 所示。

图 5.2　6 自由度的串联机器人

（2）并联机器人

并联机器人是一种特殊的工业机器人，其结构由两个或更多的独立运动链相连接，每个运动链的自由度都是独立的。与串联机器人相比，并联机器人的精度更高，刚度更大，且具有更好的动态性能。并联机器人的基本原理是利用两个或多个独立的运动链之间的协作，实现末端执行器位置和姿态的控制。6 轴并联机器人如图 5.3 所示。

图 5.3　6 轴并联机器人结构

（3）圆柱坐标型机器人

圆柱坐标型机器人是一种能够实现精准运动的工业机器人，通常用于加工、装配和测量等任务。圆柱坐标型机器人如图 5.4 所示，这种机器人以 θ、z 和 r 为参数构成坐标系，具有操作灵活、编程简单、精度高等特点。由于其结构特点，这种机器人在加工、装配和测量等任务中具有很大的优势，可以实现对各种复杂形状的精确操作。然而，圆柱坐标型机器人也存在一些缺点，例如操作臂收回后，其后端可能与工作空间内的其他物体相碰，移动关节不易防护等。

（4）示教再现机器人

示教再现机器人是一种能够模仿人类或其他动物行为的机器人，可以通过学习人类的行为模式进行编程和操作。示教再现机器人如图 5.5 所示，这种机器人通常被用于教学、培训、工业自动化等领域。示教再现机器人的工作原理是通过示教器手动操作机器人，并将机器人的运动轨迹和动作记录下来，然后通过编程将这些信息转化为机器人的操作指令。这种方式可以让机器人学习并重复执行特定的任务，从而实现自动化和高效生产。

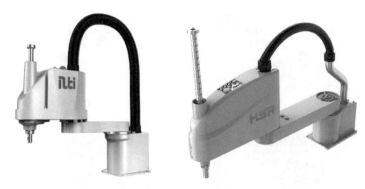

图 5.4   圆柱坐标型机器人

图 5.5   示教再现机器人

5.1.2   工业机器人具体应用

工业机器人是一种适应性和灵活性很强的智能化设施，可以适应不同的生产条件和环境。现阶段，工业机器人是提高产品品质、生产效率和改善劳动条件的重要工具。工业机器人的利用很大程度上缩短了新产品的周期，提高了产品的市场竞争力，是能够适应产品迅速更新换代的自动化设备。工业机器人在整个现代化工业领域有着不可替代的作用。工业机器人在焊接、码垛搬运、喷涂和装配等生产过程中被广泛应用。

（1）焊接工业机器人在生产中的应用

焊接行业中最为普遍应用的是多关节机器人，这是由于其有能够任意调整焊枪的姿态和角度等优势。调查表明，焊接机器人被广泛应用到汽车制造上，焊接机器人的使用可实现车身更精密、柔性化的制造，大大提高了焊接件的外观和内在质量，并保证了质量的稳定性，同时也降低了人的劳动强度，改善了人的劳动环境，这些特点使得焊接机器人在短时间内得到了迅速发展。焊接机器人的应用如图 5.6 所示。

图 5.6　焊接机器人的应用

（2）搬运机器人在生产中的应用

　　搬运机器人被广泛应用到物流业中的各个环节，主要应用到货物包装、运输，以及货物码垛等环节。目前，在机械制造、汽车和电子等方面，搬运机器人技术已经非常成熟。而对于一些有危险性的行业如能源、石油等，使用搬运机器人不仅能提高搬运效率，还可以避免一些安全事故的发生，最大程度地保证了人身安全和财产安全。搬运机器人的应用如图 5.7所示。

图 5.7　搬运机器人的应用

（3）喷涂机器人在生产中的应用

　　喷涂机器人又叫喷漆机器人，是可进行自动喷漆或喷涂其他涂料的工业机器人。喷涂机器人主要包括三部分：机器人本体、雾化喷涂系统、喷涂控制系统。其中雾化喷涂系统包括流量控制器、雾化器和空气压力调节器等。喷涂控制系统包含了空气压力模拟量控制、流量输出模拟量控制和开枪信号控制等。

　　喷涂机器人已经被广泛应用在汽车、家具等行业。20 世纪 90 年代，汽车工业开始引入喷涂机器人，并迅速扩展到各个行业。在汽车制造行业中，喷涂机器人的使用可以减少涂料以及辅料的消耗，显著降低涂装成本。目前汽车喷涂工艺大多采用喷涂机器人，一般单条汽车生产线的喷涂工艺需要使用 40～60 台机器人。如图 5.8 所示，为上海发那科机器人有限公司的 P-250iB 喷涂机器人在汽车制造领域的应用，表 5.1 为其技术参数。

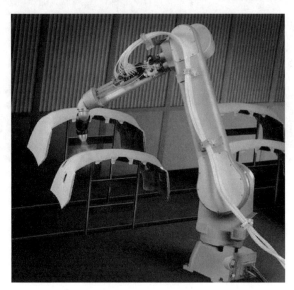

图 5.8　喷涂机器人在汽车制造领域的应用

表 5.1　发那科 P-250iB 喷涂机器人技术参数

项目		参数	
型号		P-250iB	
机构		多关节型机器人	
控制轴数		6 轴(J1、J2、J3、J4、J5、J6)	
可达半径		2800mm	
安装方式		地面安装、顶吊安装、高台安装	壁挂安装、倾斜角安装
动作范围 （最高速度）	J1 旋转	320°[160(°)/s]，5.59rad(2.79rad/s)	320°[100(°)/s]，5.59rad(1.75rad/s)
	J2 旋转	280°[160(°)/s]，4.89rad(2.79rad/s)	
	J3 旋转	330°[160(°)/s]，5.76rad(2.79rad/s)	
	J4 手腕旋转	1080°[375(°)/s]，18.85rad(6.54rad/s)	
	J5 手腕摆动	1080°[430(°)/s]，18.85rad(7.50rad/s)	
	J6 手腕旋转	1080°[545(°)/s]，18.85rad(9.51rad/s)	
手腕部可搬运质量		15kg	
J2 手臂部可搬运质量		15kg	
J3 手臂部可搬运质量		15kg	
手腕允许 负载转矩	J4	65N・m(6.6kgf・m)	
	J5	55N・m(5.6kgf・m)	
	J6	7.4N・m(0.76kgf・m)	
手腕允许 负载转动 惯量	J4	3.0kg・m²(30.6kgf・cm・s²)	
	J5	2.1kg・m²(21.4kgf・cm・s²)	
	J6	0.07kg・m²(0.71kgf・cm・s²)	

续表

项目	参数	
驱动方式	使用 AC 伺服电机进行电气伺服驱动	
重复定位精度	±0.2mm	
机器人质量	530kg	500kg
防爆性能	pxb ib ⅡB T4 Gb(气体)(日本) Class Ⅰ,Ⅰi,Ⅲ Div.Ⅰ Group C.D.E,F.G T4(气体、粉尘)(美国) 112 G c Ex ib px ⅡB T4 Gb,Ⅱ 2 D c Ex ib p ⅢB T135℃ Db(气体、粉尘)(欧盟) Ex c ib px ⅡB T4 Gb,Ex c ib p ⅢB T135℃ Db(气体、粉尘)(中国)	
安装条件	环境温度:0~45℃ 环境湿度:通常相对湿度(RH)在 75% 以下(无结露现象) 短期相对湿度(RH)在 95% 以下(1 个月之内) 振动加速度:4.9m/s²(0.5g)以下	

（4）装配机器人在生产中的应用

装配机器人顾名思义，就是为完成装配操作而设计制造的工业机器人。它由机器人操作机、控制器、末端执行器和传感系统组成，是柔性自动化装配系统的核心设备。与一般工业机器人相比，装配机器人具有精度高、柔顺性好、工作范围小、能与其他系统配套使用等特点，主要用于各种电器的制造行业。装配机器人的应用如图 5.9 所示。

图 5.9 装配机器人的应用

装配机器人是一种高度自动化和智能化的设备，广泛应用于多个领域。在汽车制造业，装配机器人能够完成车身焊接、零部件安装等复杂的装配任务，通过高精度的视觉系统和灵巧的机械臂提高生产效率和质量。在电子制造业的电子产品制造过程中，装配机器人能够自动化地完成焊接、组装和测试任务，其高速、高精度和可重复性的特点显著提高了生产效率和产品质量。在医疗器械制造业，装配机器人能够进行精细地组装和测试工作，确保医疗器械产品的质量和安全性，同时减少人工操作可能带来的风险。这些应用领域展示了装配机器人在提高生产效率、保证产品质量、降低人为错误和操作风险方面的广泛应用和重要作用。

5.1.3　工业机器人应用特点分析

工业机器人具备高度的自动化、灵活的操作、高精准的操作以及协作作业能力等特点。这些特点使得工业机器人成为生产制造行业的重要力量，为企业带来了巨大的生产效益和竞争优势。

（1）高度的自动化

工业机器人是为了替代人力劳动而设计开发的设备，其具备高度的自动化能力。机器人可以通过编程和传感器技术，自主完成各种工业任务，如搬运重物、装配零件、焊接、喷涂等。相比于人力劳动，机器人的自动化能力可以大大提高生产效率和质量稳定性，且不受时间、疲劳和环境因素的限制。

（2）灵活的操作

工业机器人具备灵活的操作能力，可以适应不同的生产需求和工作环境。机器人可以通过更换工具、调整编程等方式来执行不同的任务。同时，机器人还可以根据周围环境变化做出相应的调整和反应，以确保任务的顺利完成。因此，工业机器人在生产制造过程中具备高度的灵活性和适应性，可以应对各种变化和挑战。

（3）高度精准的操作

工业机器人的操作精度非常高，可以达到亚毫米甚至更小的精度要求。机器人通过激光测距、视觉识别等先进技术，可以精确控制行动和位置，实现高精度的操作。这种高精度性能使得机器人在生产制造过程中可以完成一些精密的任务，如电子零件的组装、微小零件的加工等。工业机器人的高精度操作大大提高了制造过程的准确性和稳定性。

（4）协作作业的能力

随着人-机协作技术的发展，工业机器人逐渐具备了与人类共同作业的能力。机器人可以通过传感器和智能控制系统与人类工作人员进行无缝协作，实现生产流程的高效优化。这种人-机协作的模式可以提高生产线的整体效率，并减少人力资源的浪费。

5.2　服务机器人

服务机器人是在非结构环境下为人类提供必要服务的多种高技术集成的先进机器人，主要包括医疗服务机器人、家用机器人和公共服务机器人，服务机器人中，比较常见的有手术机器人、护理机器人、导览机器人、农业机器人、儿童陪伴机器人和扫地机器人等。

5.2.1　手术机器人

手术机器人是一种先进的医疗设备，随着微创手术及相关底层技术的发展而发明。手术机器人通常由手术控制台、配备机械臂的手术车及视像系统组成。

一般情况下，从临床医学应用角度可将手术机器人主要分为腔镜手术机器人、骨科手术机器人、泛血管手术机器人、经自然腔道手术机器人、经皮穿刺手术机器人。

（1）腔镜手术机器人

目前，腔镜手术机器人是机器人商业化最成功的代表。腔镜手术机器人是为完成各种复杂的微创手术而设计的。通常采用主从遥控操作的操控方式，由外科医生控制台、患者侧手术车和一套三维高清影像系统组成，如图 5.10 所示。腔镜手术机器人相比于 MIS（微创外科手术）具备微创、精细、灵活等显著优势，更大程度扩展外科医生的手术能力，并在泌尿外科、妇科、普外科拥有很好的运用前景。

(a) 三维高清影像系统　　　　　　(b) 患者侧手术车　　　　　　(c) 外科医生控制台

图 5.10　腔镜手术机器人

（2）骨科手术机器人

骨科手术机器人用于辅助骨科手术，其核心功能包括定制三维术前方案、提高手术部位图像清晰度、减少震颤和提高手术精度、减少对健康骨骼和组织的损伤、减少失血、保护神经、缩短患者住院时间和加快康复，并可指导远程手术和降低术中透视（X 线）来降低辐射，如图 5.11 所示。

图 5.11　骨科手术机器人

骨科手术机器人主要应用于三类手术，即关节置换手术、脊柱手术及骨科创伤手术。其中机器人辅助脊柱手术是骨科手术机器人的一项重要应用，与传统手术相比骨科手术机器人可辅助医生更快、更好地完成手术。

（3）泛血管手术机器人

泛血管手术机器人是一种主从式的机电设备，在心脑血管、外周血管相关疾病的介入手术中，能够辅助医生远程控制导管、导丝进行手术，如图 5.12 所示。一般是医生通过手柄输入动作，机器人从终端复现医生手部动作。其优势在于高精度与低辐射两方面，通过医生在操作舱里操作导管、导丝等器材介入，帮助操作者摆脱了铅衣带来的负担，并减少了人体辐射吸收。实验证明，机器人辅助经皮冠状动脉介入治疗手术能使医生减少 95％的辐射，同时使患者减少 20％的辐射。

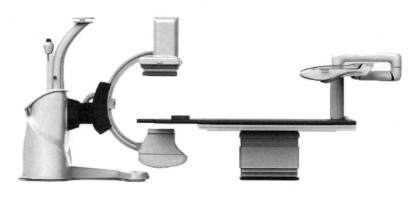

图 5.12　泛血管手术机器人

（4）经自然腔道手术机器人

经自然腔道手术机器人是指通过人体自然路径进入目标部位，并可控制其进行诊断或手术的机器人，如图 5.13 所示。此类机器人应用于自然腔道腔镜手术，如支气管镜检查、结肠镜检查及胃镜检查。经自然腔道手术机器人能为目标部位提供更清晰的视野，使外科医生

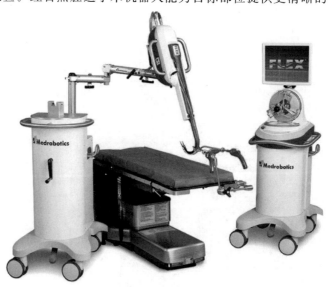

图 5.13　经自然腔道手术机器人

能够更灵巧地操作工具。目前经自然腔道手术机器人主要有直觉外科公司的 Ion、强生公司的 Monarch 和 MedRobotics。

（5）经皮穿刺手术机器人

经皮穿刺手术机器人是通过磁共振成像（MRI）、超声、计算机断层扫描（CT）等成像技术将目标解剖定位，引导反馈针头达到目标解剖结构，辅助完成经皮穿刺手术的机器人，如图 5.14 所示。其应用主要为收集组织样本用于诊断，如检测早期肺癌、乳腺癌及前列腺癌。同时经皮穿刺机器人也能够进行治疗肾结石。目前经皮穿刺手术机器人主要有 Biobot（上海介航机器人有限公司）的 Mona Lisa、NDR 医疗技术公司的 ANT 系列、ISYS 医疗技术公司的 XACT 和 Perfint Healthcare 两款产品（国内已上市）。

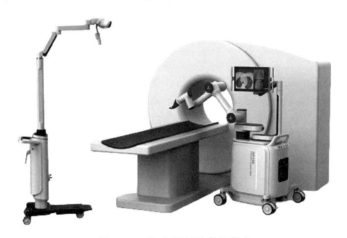

图 5.14　经皮穿刺手术机器人

5.2.2　护理机器人

护理机器人是一种特殊的医用机器人，它可以代替护理人员在病房里对病人进行一般的护理操作，所以人们也叫它机器人护士。按照护理机器人在护理中的应用，可将其分为家庭陪伴机器人、饮食护理机器人、搬运机器人、康复机器人、慢性病管理机器人、物品传送机器人。

（1）家庭陪伴机器人

家庭陪伴机器人针对的是"空巢"老年人的护理，不仅有拟人型机器人，还有拟物形态的机器，如图 5.15 所示。同时家庭陪伴机器人具有外形多样、操作简单、智能化和安全可靠等优势。

（2）饮食护理机器人

饮食护理是老年人日常生活护理的重要组成部分。针对失能老年人、残疾人、患有脑血管栓塞或因肌肉萎缩而导致手部活动不灵活的患者，饮食护理机器人可以提供多种操控方式，便于不同程度的残疾人或失能老

图 5.15　家庭陪伴机器人

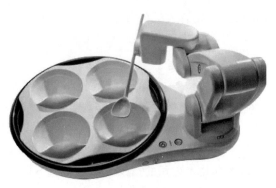

图 5.16　饮食护理机器人

年人使用。如图 5.16 所示。

（3）搬运机器人

一方面，老年人身体及心理均已逐渐步入衰老期，常出现行动不便、无法搬运沉重物品的情况；另一方面，卧床患者、术后患者和行动不便患者等需要搬运重物时也面临着困难，需要耗费照护人员较多的体力，甚至搬运过重物体时可能导致搬运者肌肉骨骼损伤。搬运机器人可以解决这些问题，如图 5.17 所示。

（4）康复机器人

智能康复机器人在康复医学中的应用主要有两种：一种是配合常规治疗的康复机器人；另一种是辅助患者生活的辅助型康复机器人，这类机器人能帮助老年人和下肢残疾者完成正常的行走和爬楼梯等活动。除了传统的由物理治疗师进行的肢体训练外，还可以在康复治疗中使用康复机器人，其中上肢康复机器人如图 5.18 所示。

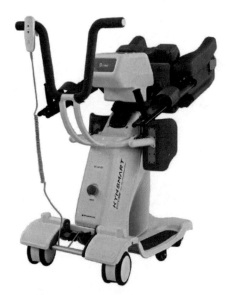

图 5.17　电动移位老人护理机器人

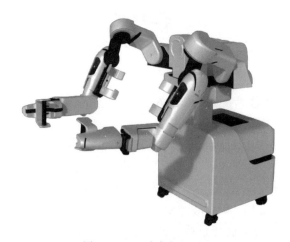

图 5.18　上肢康复机器人

（5）慢性病管理机器人

慢性病因其复杂的病因、漫长的病程和较高的再住院率，导致患者自身体力下降和行动不便，经常需要照护人员的帮助。口服药是治疗慢性病的重要手段，因老年人病情严重程度、对医嘱理解程度、记忆及理解能力参差不齐，家庭用药安全成为难题。慢性病管理机器人可以提供很大的便利，如图 5.19 所示。

（6）物品传送机器人

物品传送机器人可借助传感器、无线网络与医院中央系统连接，由传感器探测物体，按照事先输入的地图信息确定行走路线和修正运送路线，实现送餐送药，收集废弃物，传递 X 线

图 5.19 慢性病管理机器人

图 5.20 极星医疗配送机器人

片、样本和药品等活动。物品传送机器人还可以在隔离病区内执行病区消毒，为患者送药、送饭及送生活用品等任务；协助护士运送医疗器械、设备、实验样品及实验结果等。如图 5.20 所示为江苏中科重德智能科技有限公司的极星医疗配送机器人，表 5.2 为其技术参数。

表 5.2 极星医疗配送机器人技术参数

项目	参数	项目	参数
类型	医疗配送机器人	屏幕	10.1in(1in=2.54cm)
整机尺寸	552mm×551mm×1066mm	通信方式	Wi-Fi/4G/5G
箱体总容量	74L,四种规格灵活配置	续航能力	10h
移动速度	最大 1.5m/s,自适应调速	充电时间	4.5h
承载能力	≥100kg		

5.2.3 导览机器人

导览机器人是一种利用人工智能和机器人技术设计及制造的具有导航、语音交互、视觉识别和智能问答等功能的机器人，它以机器人硬件为载体，依托云平台强大的智能服务技术，引入智能语音交互系统、大数据分析系统、智能视觉识别系统，真正实现"能听、会说、能思考、会判断、看得见、认得出"的智能化服务，如图 5.21 所示。

图 5.21　导览机器人

导览机器人采用高精度定位导航技术，可以根据设定路线在景区展馆内自动导航，不需要人工干预，同时具备智能感知能力和丰富的交互功能，进而实现多项智能化功能和自主识别能力。导览机器人是一种智能化程度很高的设备，它可以给游客带来全新的参观体验。未来，导览机器人会给人们带来更多的惊喜，给旅游业带来更大的变革，创造科技旅游新模式。

5.2.4　农业机器人

农业机器人是指运用于农业生产中的智能机器人，是一种可由不同程序软件控制，适应各种作业，能感觉并适应作物种类或环境变化，有检测（如视觉等）和演算等人工智能的新一代无人自动操作机械，如图 5.22 所示。同工业机器人或者其他领域机器人相比，农业机器人工作环境多变，以非结构环境为主，工作任务具有极大的挑战性。因此，一般而言，农业机器人对智能化程度的要求要远高于其他领域机器人。

农业机器人根据应用不同可分为大田生产农业机器人、设施农业机器人、农产品加工与鉴定机器人。

（1）大田生产农业机器人

大田生产农业机器人有大田播种机器人、大田收获机器人、大田植保机器人、大田耕作机器人，以及大田移栽机器人等。如图 5.23 所示，为大田耕作机器人。

（2）设施农业机器人

设施农业机器人（如图 5.24 所示）有嫁接机器人、花卉插枝机器人、蔬菜收获机器人、植物工厂机器人和分拣机器人等。其中，嫁接机器人包括蔬菜嫁接机器人和油茶嫁接机器人等。目前，嫁接繁殖技术较为成熟，而人工嫁接效率较低，因此，加大嫁接机器人的研究投

图 5.22　农业机器人

图 5.23　大田耕作机器人

入，推进高速和高质嫁接机器人的推广与应用，可取得可观的直接经济利益及生态环境价值。

（3）农产品加工与鉴定机器人

目前，农产品加工机器人有肉类加工机器人、挤奶机器人、剪羊毛机器人和食品安全鉴定机器人等。

5.2.5　儿童陪伴机器人

儿童陪伴机器人是一种针对儿童的机器人产品，旨在陪伴儿童成长，提供与家长或教育工作者类似的关爱和教育。目前，市场上常见的儿童陪伴机器人根据其体型分类，可以分为桌面型、小型、中型、大型四种。其中，桌面型机器人的主要使用场景是桌面，通常情况下不可随意移动，使用方式较为单一，如图 5.25 所示；小型机器人的外观大多可分为上下两部分，既可以在桌面上使用，又可以在地面上使用，并且头部可以灵活转动，趣味性很强；

图 5.24　设施农业机器人

图 5.25　桌面型儿童陪伴机器人

中型机器人的体型稍微大一些，在地面上使用较多，机器人底部的轮子使其多了自动跟随功能，增加了用户与产品的互动性，如图 5.26 所示；大型机器人一般是仿人型设计，具有四肢，可以自由灵活地运动，互动方式更为多样化，比较适合在公共场所及室外等具体场景中使用，功能相对较多，并且智能化程度非常高。

5.2.6　扫地机器人

扫地机器人是智能家电的一个分支，因其能够依据房型、家具摆放和地面情况进行检测

图 5.26　中型儿童陪伴机器人

判断，规划合理的清洁路线，进而完成房间的清洁工作，所以被人们称为智能扫地机器人。扫地机器人又称自动打扫机、智能吸尘器、机器人吸尘器等。一般来说，将完成清扫、吸尘和擦地工作的机器人也统一归为扫地机器人。

扫地机器人可按机身外形或清扫路线进行划分。

（1）按机身外形划分

不同厂商设计的扫地机器人，其外形会有所不同。常见的有圆形、D字形、勒洛三角形和方形等，图 5.27 为圆形扫地机器人。

图 5.27　圆形扫地机器人

（2）按清扫路线划分

按清扫路线可将扫地机器人划分为随机式扫地机器人和规划式扫地机器人。

① 随机式扫地机器人。随机式扫地机器人的清扫路径较为混乱，其在每次与障碍物碰撞后，略微调整自身的行进方向，通过不断地碰撞来实现路线的重新定位。

② 规划式扫地机器人。规划式扫地机器人的算法与随机式扫地机器人相比较为复杂。

路径规划的好坏决定了扫地机器人的工作效率。合理选择沿边清扫、集中清扫、随机清扫和直线清扫等多种路径规划方案，能够遍历所有清扫区域，并对较脏的区域适当进行多次清扫。图 5.28 为科沃斯机器人股份有限公司的 DEEBOT X1 OMNI 规划式扫地机器人，表 5.3 为其技术参数。

图 5.28   科沃斯 DEEBOT X1 OMNI 规划式扫地机器人

表 5.3   科沃斯 DEEBOT X1 OMNI 规划式扫地机器人技术参数

项目	参数	项目	参数
产品型号	DEEBOT X1 OMNI	产品型号	DEEBOT X1 OMNI
外观材质	塑料	额定输入电流（充电状态）/A	0.3
主机尺寸/mm	362×362×103.5	功率（集尘状态）/W	1000
主机额定输入	20V/2A	功率（洗拖布状态）/W	35
主机额定功率/W	45	尘盒容量/L	0.4
主机额定电压/V	14.8	清扫模式	自动,分区,自定义
充电时间/h	6.5	水箱容量/mL	80
自动洗拖布集尘座型号	CH2103	噪声/dB	60~120
额定输入	220~240V/50~60Hz	工作时间/min	120~180
额定输出	20V/2A	适用面积/m²	150 以上

5.2.7   服务机器人应用特点分析

服务机器人具有高度智能化、可编程性、高效的执行能力、良好的人机交互能力、安全性和保密性，以及持续学习和进化的能力。这些特点使得服务机器人在多个领域中发挥着重要的作用，如客户服务、医疗、酒店管理、工业生产等。随着人工智能和机器人技术的不断发展，服务机器人将会在未来扮演更加重要的角色。

（1）高度的智能化

它们配备了先进的人工智能系统，通过学习和自主决策能够快速适应各种情境，并做出相应的响应。这使得它们能够独立地完成一系列任务，如顾客服务、导航、清洁等。高度智能化的服务机器人还能够与用户进行语音和图像交互，实现更加智能和个性化的服务。

（2）高度的可编程性

由于其采用了先进的机器人技术，程序员可以轻松地为它们编写和更新特定的任务和行为。这使得服务机器人具备了灵活性和适应性，能够应对各种不同的服务需求。通过简单的编程操作，服务机器人可以根据特定的要求执行各种任务，无论是在医疗机构、酒店、办公室还是其他场所。

（3）高效的执行能力

它们不仅能够高速执行各种任务，而且在完成任务时还能保持高度的准确性和稳定性。不受情绪和疲劳的影响，服务机器人可以持续地为用户提供优质的服务。无论是在高强度的工作环境中还是对于长时间的任务执行，它们的高效能力使得服务效果更可靠和持久。

（4）良好的人-机交互能力

它们被设计成能够与用户进行自然和友好的交流的机器人。通过语音识别和语音合成技术，服务机器人能够理解用户的语言并做出相应的回应。此外，它们还能够通过触摸屏或手势识别与用户进行直接的互动。这种人-机交互能力使得服务机器人能够更好地理解和满足用户的需求，提供个性化的服务体验。

（5）较强的安全和保密性

在处理用户的敏感信息和数据时，服务机器人能够有效保护用户的隐私，并确保数据的安全性。通过采用密码学技术和安全通信协议，服务机器人能够加密和传输数据，防止信息泄露和非法访问。这种极端重视安全和保密性的特点使得服务机器人在需要处理敏感信息的场景中得到了广泛应用，如银行、医疗服务等。

（6）持续学习和进化的能力

它们能够通过不断地学习和数据积累提升自身的服务质量和能力。随着时间的推移，服务机器人可以逐渐优化和改进其性能，更好地适应用户需求的变化。这种自我学习和进化的特点使得服务机器人成为一个不断进步和提升的智能服务伙伴。

5.3　特种机器人

特种机器人是指应用于专业领域，一般由经过专门培训的人员操作或使用的、辅助或代替人执行任务的机器人。根据特种机器人应用的主要行业和功能不同，可将其分为巡检机器人、消防机器人、救援机器人、排爆机器人、安防机器人、水下机器人、仿生机器人等。

5.3.1　巡检机器人

巡检机器人是以移动机器人为载体，以可见光摄像机、红外热成像仪和其他检测仪器为载荷系统，以机器视觉-电磁场-GPS（全球定位系统）-GIS（地理信息系统）的多场信息融合为机器人自主移动与自主巡检的导航系统，以嵌入式计算机为控制系统的软硬件开发平台。

巡检机器人能代替或协助人类进行巡检、巡逻等工作，能够按路径规划和作业要求，精确地执行并停靠到指定地点，对巡检设备提供红外测温、仪表读数记录及异常状态报警等功能，并可实现巡检数据的实时上传、信息显示和报表生成等后台功能，具有巡检效率高、稳定可靠性强等特点。如图 5.29 所示。

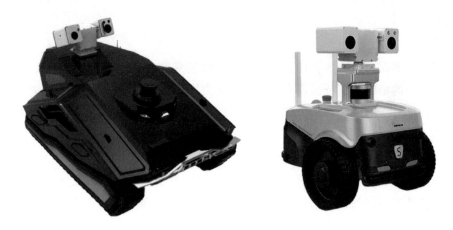

图 5.29　巡检机器人

巡检机器人的应用包括电力、石化、矿用、机房和交通等领域。

（1）电力领域

电力巡检机器人是一种用于监测和维护电力设施的智能机器人，一般搭载各种传感器，包括摄像头、红外线传感器、超声波传感器、激光雷达等，用于感知周围环境和电力设备的状态。同时配备了无线通信设备，可以将数据传输给操作员或中央控制系统。电力巡检机器人功能完善，可以定期巡视电力设备，以检测是否存在潜在故障和损坏；收集电力设备的各种数据，以进行实时监测；当发现电力设备的故障迹象时，会及时报警并采取必要措施。电力巡检机器人如图 5.30 所示。

（2）石化领域

石化巡检机器人搭载一系列传感器，可代替巡检人员进入易燃易爆、有毒、缺氧和浓烟等现场进行巡检、探测工作，可有效解决巡检人员在上述场所中面临的人身安危、现场数据信息采集不足等问题。石化巡检机器人如图 5.31 所示。

（3）矿用领域

矿用巡检机器人通过搭载多种传感器，实时采集图像、声音、红外热像温度、烟雾、多种气体浓度等生产环境数据，具有效率高、费用低、实时性好、安全性高等特点，具有非常重要的实际使用意义。煤矿智能巡检机器人主要应用于煤矿传送带巷道、中央泵房、绞车房、变电所等多种场景下的设备巡检。矿用巡检机器人如图 5.32 所示。

（4）机房领域

随着业务量的不断增大，公司自动化、信息化程度不断提高，数据中心需要管理对象的数量、规模及复杂度都在不断增长，机房巡检机器人降低人工成本的同时可以 24 小时保姆

图 5.30　电力巡检机器人

图 5.31　石化巡检机器人

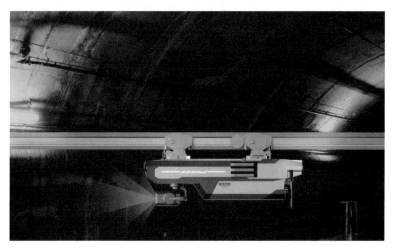

图 5.32　矿用巡检机器人

式巡检，提高了机房的巡检效率，降低了机房的安全隐患，促进了机房和数据中心的智能化管理。机房智能巡检机器人如图 5.33 所示。

图 5.33　机房智能巡检机器人

（5）交通领域

我国轨道交通网络增长迅速，大量轨道交通基础设施相继进入养护期，线路安全和监测面临的压力逐渐增大。目前，这样的任务以人工静态检查为主、少量动态检测车检查为辅的形式完成。前者速度慢、占用线路时间长、工作效率低，特别是必须预留"天窗期"，导致地铁隧道内各类安全事故时有发生。轨道巡检机器人可与列车同步运行，实时、无间断巡检，将突发、随机事故防患于未然，可做到实时监视。轨道智能巡检机器人如图 5.34 所示。

图 5.34　轨道智能巡检机器人

5.3.2　消防机器人

随着社会经济的迅猛发展，建筑和企业生产的特殊性，导致化学危险品和放射性物质泄漏以及燃烧、爆炸、坍塌的事故隐患增加，事故发生的概率也相应提高。此类灾害具有突发性强、处置过程复杂、危害巨大、防治困难等特点，已成顽疾。消防机器人能代替消防救援人员进入易燃易爆、有毒、缺氧、浓烟等危险灾害事故现场进行数据采集、处理、反馈，有效地解决消防人员在上述场所面临的人身安全、数据信息采集不足等问题。现场指挥人员可以根据其反馈结果，及时对灾情做出科学判断，并对灾害事故现场工作做出正确、合理的决策。消防机器人如图 5.35 所示。

图 5.35　消防机器人

消防机器人根据其功能可分为消防灭火机器人、消防排烟机器人、消防无人机等。

（1）消防灭火机器人

其主要应用于油罐、液化石油气罐、石化装置等易燃、易爆、易坍塌及存在毒性气体泄漏的场所。它能够在灭火救援人员的远程控制下，替代消防员进入易燃、易爆、有毒、有害、缺氧、浓烟及易坍塌建筑物等灾害现场，进行探测、侦察、灭火喷射或冷却保护，也可对灾害事故中泄漏的有毒有害物质进行洗消和稀释，并将采集到的信息（数据、图像、语音）进行实时处理和传输，有效解决消防员在上述场所面临的人身安全问题。消防灭火机器人的应用如图 5.36 所示。

图 5.36　消防灭火机器人应用

（2）消防排烟机器人

主要应用于隧道、地下建筑等充满烟雾的灾害现场，在灭火救援中能够发挥排烟降尘、阻隔热辐射、洗涤烟雾和废气的功能，有效降低火场的温度，减少火场的浓烟，从而减少人员伤亡和财产损失，对提高救援安全性具有重要意义，如图 5.37 所示。

图 5.37　消防排烟机器人

（3）消防无人机

在消防领域，配置有相应传感器的飞行器机器人可以广泛应用于危险评估、目标搜索、通信中继、建筑物内部情况侦察、灭火救援等工作。消防无人机可执行空中消防灭火、侦察等任务，尤其适用于高层建筑灭火等场景。当火灾发生时，消防无人机装填灭火弹快速抵达现场，根据实际情况发射灭火弹，迅速控制火情。消防无人机可与地面的机器人配合使用，形成空地协同的立体消防作战体系，如图 5.38 所示。

图 5.38　消防无人机

5.3.3　救援机器人

全球自然灾害和人为灾害频发，严重威胁着人类安全和社会稳定。救灾时，救援机器人可以为救援人员提供巨大帮助。因此，将具有自主智能的救援机器人用于危险和复杂的灾难环境下搜索和营救幸存者，是机器人学中的一个新兴而富有挑战性的领域。

救援机器人主要包括搜索救援机器人、运载救援机器人和多任务救援机器人。

(1) 搜索救援机器人

搜索救援机器人是一种用于地震灾害救援的机器人，它可以进入废墟内部，利用自身携带的红外摄像机、声音传感器将废墟内部的图像、语音信息实时传回后方控制台，供救援人员快速确定幸存者的位置及周围环境，同时，为救援人员提供救援通道的信息。如图 5.39 所示为中国科学院沈阳自动化研究所研发的废墟搜索可变形机器人，表 5.4 为其技术参数。

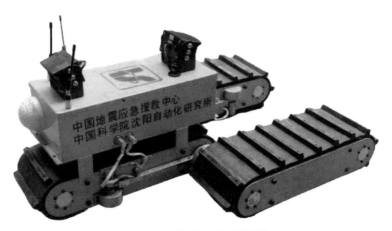

图 5.39 废墟搜索可变形机器人

表 5.4 废墟搜索可变形机器人技术参数

项目	参数
名称	废墟搜索可变形机器人
质量	20kg
负载能力	5kg
最大速度	≥0.3m/s
爬坡能力	≥30°
越障高度	≥0.2m
越沟宽度	≥0.3m
连续工作时间	≥3h
电池更换时间	≤1min
机器人形态	并排型、三角型、D字型、直线型
信息收集	红外摄像机、声音传感器
应用范围	地震灾后搜救、城市环境作业、野外探测、军事侦察

(2) 运载救援机器人

运载救援机器人作为救援机器人中的"大力士"，可在第一时间携救援物资同救援人员进入灾区开展救援工作，也可将受伤人员运送至安全地点。因此，运载救援机器人在救援任务中的应用可有效提高救援人员的救援效率，减少救援人员的救援压力。伤员运载救援机器人如图 5.40 所示。

图 5.40　伤员运载救援机器人

（3）多任务救援机器人

多任务救援机器人一般是指具有多种任务模式、可精确操作目标物体且智能程度较高的救援机器人。多任务救援机器人运动形式复杂多变，面对不同的地形时，可根据地形特点选择最优的运动形式；机械手臂极为灵活，在救援任务中，可做出精细抓取、开关门及旋转阀门等高难度动作；控制算法先进，大多数多任务救援机器人已实现了半自主控制，甚至自主控制。多任务救援机器人拥有较强的环境感知能力和操作工具能力，使其可用于核灾难救援、城市火灾救援和室内救援等场景。虽然该类机器人拥有较多种类和数量的传感器设备，但其在危险环境中的稳定性和可靠性还有待验证。

5.3.4　排爆机器人

排爆机器人是排爆人员用于处置或销毁爆炸可疑物的专用器材，主要用于代替人到不能去或不适宜去的有爆炸等危险的环境中，在事发现场进行探察、排除和处理爆炸物等危险品，避免不必要的人员伤亡。它可用于多种复杂地形的排爆，代替排爆人员搬运、转移爆炸可疑物品及其他有害危险品；代替排爆人员使用爆炸物销毁器销毁炸弹；代替现场安检人员实地勘察，实时传输现场图像；可配备霰弹枪对犯罪分子进行攻击；可配备探测器材检查危险场所及危险物品。在维护公共安全和人民生命财产安全方面，排爆机器人近年来被大量应用于反恐战争和警察处理突发事件中。排爆机器人如图 5.41 所示。

排爆机器人的主要应用领域包括军事、公安、消防和工业等。

在军事领域，排爆机器人用于探测和清除敌军爆炸物，减少士兵的伤亡风险；在公安领域，排爆机器人在公共场所快速检测、拆除或处置威胁物，保护民众安全；在消防领域，排爆机器人帮助消防员处理火灾中的爆炸物，确保灭火工作的安全；在工业领域，排爆机器人在危险工作环境下执行高风

图 5.41　排爆机器人

险任务，保护工人安全。

5.3.5 安防机器人

随着国民经济的快速发展，人们对社会安全保障的需求愈发强烈，这对社会公共安全维护和安保服务提出了更高要求。安防机器人可作为移动终端平台载体，根据应用场景、使用功能等的不同，按实际需要自主加载语音识别、视频传输、气体检测、智能报警和导航服务等功能模块，实现从仿生视觉、听觉、触觉和嗅觉等方面对工作场景进行多维度、立体化检测。同时，面对灾害和高危领域，安防机器人可代替人力进行特殊场景下的数据采集、传输、分析及监测等工作，从而有效降低由人力操作带来的安全隐患和风险。安防机器人如图5.42 所示。

图 5.42 安防机器人

安防机器人已经在社区、停车场、医院、工厂等多个领域得到应用。

① 社区领域。安防机器人能够在社区内巡逻，及时发现可疑人员和安全隐患。同时，安防机器人还能够进行语音交互，为居民提供智能服务，如开门、查看快递等。在保障社区安全的同时，提升了居民的生活品质。

② 停车场领域。安防机器人可以对停车场进行全面监控，及时发现违规行为并予以处理。同时，还能够提供指引、导航等服务，为车主提供更优质的停车体验。

③ 医院领域。安防机器人能够对医院进行全面监控，检测异常情况并及时发出警报。此外，还能够在医院内进行巡逻，确保医院的安全和秩序。

④ 工厂领域。安防机器人能够对工厂进行全面监控，及时发现异常情况并进行处理。还能够进行巡逻，检查安全隐患，确保生产环境的安全和稳定。

安防机器人不仅提高了安全监控效率，还能保证人们的生命财产安全。随着技术的不断进步和升级，安防机器人的应用前景也越来越广阔。

5.3.6 水下机器人

水下机器人也称无人水下潜水器，它可以在水下代替人类完成某些复杂任务。水下机器人可在被严重污染、危险程度高的环境以及可见度为零的水域代替人工在水下长时间作业，具有良好的工作能力。

水下机器人的分类方式有很多种，目前广泛应用于科学探测的设备有载人深潜器（human occupied vehicle，HOV）、有缆无人潜水器（remote operated vehicle，ROV）、自治式潜水器（autonomous underwater vehicle，AUV）、深拖系统（towed vehicle，TV）和水下滑翔机（underwater glider，UG）等。其中，AUV 自带能源，依靠自身的自治能力来管理和控制自己完成被赋予的使命，因此，与 ROV 相比，AUV 具有活动范围大、无脐带缆绳限制、水面支持系统灵活、占用甲板面积小、运行和维修方便等优点。如图 5.43 所示为中科探海（苏州）海洋科技有限责任公司的"精灵 E200"型自主水下机器人，表 5.5 为其技术参数。

图 5.43　中科探海"精灵 E200"型自主水下机器人

表 5.5　中科探海"精灵 E200"型自主水下机器人技术参数

项目		技术参数
图像处理	水下摄像机	实时采集水下图像,提供视觉图像软件接口
	前视声呐	实时采集声呐图像,提供声呐图像软件接口
物理特性	直径	200mm
	长度	≤2.2m
	质量	≤50kg
最大航速		11.112km/h
续航时间		12h
最大工作深度		300m
通信距离	水面	≥3km(采用无线数传通信方式)
	水下	20km(采用光纤通信方式)

水下机器人在许多领域都有应用，主要包括：勘探、生产和监测海底资源，进行深海探索、海洋生物研究，海底探察、水下目标探测、反潜和扫雷，监控水体污染、海洋生物多样性，水下遗址调查、文物打捞，海洋水文数据采集等。此外，水下机器人在管道铺设和检查、电缆铺设和检查、电站及水坝检测等领域也有广泛应用。

5.3.7　仿生机器人

仿生机器人是指模仿生物、从事生物特点工作的机器人。仿生机器人研究涉及机构仿生、感知仿生、控制仿生和智能仿生等关键技术。基于这些关键技术，可形成多种类型的仿生机器人系统，如仿人机器人、仿动物机器人、灵巧手及仿生眼等。仿生机器人如图 5.44 所示。

仿生机器人的应用领域非常广泛，主要包括医疗、工业、农业、航空、教育、制造业、

图 5.44　仿生机器人

环境保护、搜索和救援等。以下是仿生机器人在这些领域的一些具体应用。

在医疗领域,仿生机器人可以用于手术操作、康复治疗、疾病诊断和监控;在工业领域,仿生机器人应用于生产制造,如机器人手臂在生产线上的应用,以及机器人视觉系统在产品检测和识别中的应用;在农业领域,仿生机器人可以用于农作物的种植和管理,如农业机器人使用传感器和摄像头技术对农作物进行监测和管理,以及机器人收割机提高农业生产的效率和收益;在航空领域,仿生机器人可以用于飞机的设计和制造,模拟鸟类的飞行原理和机理,设计出更优秀的飞机机翼和机身结构;在教育领域,仿生机器人可以用于科普教育和创意设计;在建筑和工程领域,仿生机器人在建筑施工和维护中展现出优势;在搜索和救援领域,仿生机器人可以应用于灾难和事故现场;在环境保护领域,仿生机器人可以协助监测和清理污染区域。此外,仿生机器人还可以应用于社会福利领域,如假肢、高级作业程序及语言控制的假肢、家用机器人等。

5.3.8　特种机器人应用特点分析

特种机器人具有适应各种特殊环境的能力,可以执行多种任务,具有高度智能和自主性,同时也具备灵活性、安全性和可靠性等特点。这些特点使得特种机器人在特殊应用领域有着广泛的应用前景。

（1）高度适应性

特种机器人具有适应各种特殊环境和工作场景的能力,如高温、低温、高海拔、污染、危险等。它们可以在人类无法进入或不适合进入的环境中进行工作,如火灾救援、核电站巡检、深海勘探等。

（2）多功能性

特种机器人可以用于执行多种任务,具有多样化的功能。它们可以进行物体搬运、巡视、监测、清洁、救援等工作,满足不同需求。

（3）高度自主性

特种机器人具有较高的智能性和自主性，可以进行自主决策并完成任务。它们可以通过搭载传感器和相关软件，实现环境感知、路径规划、障碍避让等功能，减少对人类的依赖。

（4）灵活性和调整性

特种机器人可以根据不同任务的需求进行灵活调整和配置。它们的结构和功能可以根据需要进行改变，以适应不同的工作场景。这使得特种机器人具有更广泛的适用性和调整性。

（5）安全性和可靠性

特种机器人在危险环境中工作时，能够保证人员的安全。它们可以在无人操控的情况下进行工作，减少人工操作带来的风险。并且特种机器人通常经过严格的测试和验证，具有较高的可靠性和安全性。

5.4　本章习题

（1）工业机器人有哪些优势？典型应用有哪些？

（2）工业机器人应用特点有哪些？并举例说明。

（3）完整的喷涂机器人系统一般由哪几个部分组成？

（4）常见的服务机器人有哪些类型？举例说明身边的服务机器人。

（5）扫地机器人是如何规划其清扫路线的？

（6）简述服务机器人的特点，并举例阐述。

（7）巡检机器人搭配的传感器有哪些？可结合具体应用说明。

（8）简述消防机器人的功能及应用。

（9）AUV有哪些优点？有哪些应用领域？

（10）仿生机器人有哪些类型？列举几种典型的仿生机器人。

参考文献

1. 熊有伦，李文龙，陈文斌，等．机器人学：建模、控制与视觉．2 版．武汉：华中科技大学出版社，2020．

2. 蔡自兴，谢斌．机器人学．4 版．北京：清华大学出版社，2022．

3. 熊有伦．机器人技术基础．武汉：华中理工大学出版社，1996．

4. 罗志增，蒋静坪．机器人感觉与多信息融合．北京：机械工业出版社，2002．

5. 孟庆鑫，王晓东．机器人技术基础．哈尔滨：哈尔滨工业大学出版社，2006．

6. 郭彤颖，张辉．机器人传感器及其信息融合技术．北京：化学工业出版社，2017．

7. 刘极峰，杨小兰．机器人技术基础．北京：高等教育出版社，2019．

8. 韩建达，何玉庆，赵新刚．移动机器人系统：建模、估计与控制．北京：科学出版社，2011．

9. 刘金琨．机器人控制系统的设计与 MATLAB 仿真．北京：清华大学出版社，2008．

10. 张建民．机电一体化系统设计．5 版．北京：高等教育出版社，2020．

11. Niku S. Introduction to robotics：analysis，control，applications. 2011.

12. Siciliano B，Sciavicco L，Villani L，et al. Robotics modelling，planning and control. Springer Publishing Company，Incorporated，2010.

13. Siegwart R，Nourbakhsh I R. Introduction to autonomous mobile robots. Industrial Robot，2004，2（6）：645-649.

14. Angeles J. Fundamentals of robotic mechanical systems：theory，methods，and algorithms. New York：Springer，2007.

15. Craig J J. Introduction to robotics：Mechanics and control. 3th ed. New Jersey：Prentice Hall，2003.

16. Roberts G N，Sutton R. Further advances in unmanned marine vehicles. London：Institution of Engineering and Technology，2012.

17. 陈强．水下无人航行器．北京：国防工业出版社，2014．

18. 蒋新松．水下机器人．沈阳：辽宁科学技术出版社，2000．

19. 褚明．柔体机器人的动力学与控制技术．北京：北京邮电大学出版社，2019．

20. 张立勋，黄筱调，王亮．机电一体化系统设计．北京：高等教育出版社，2007．

21. Tian B Q，Yu J C. Current status and prospects of marine renewable energy applied in ocean robots. International Journal of Energy Research，2019，43（6）：2016-2031.

22. Tian B Q，Guo J W，Song Y B，et al. Research progress and prospects of gliding robots applied in ocean observation. Journal of Ocean Engineering and Marine Energy，2022，9（1）：113-124.

23. Deparday J，Bot P，Hauville F，et al. Full-scale flying shape measurement of offwind yacht sails with photogrammetry. Ocean Engineering，2016，127：135-143.

24. Plumet F，Petres C，Romero-Ramirez M-A，et al. Toward an autonomous sailing boat. IEEE Journal of Oceanic Engineering，2015，40（2）：397-407.

25. Rynne P F，Ellenrieder K D V. Unmanned autonomous sailing：Current status and future role in sustained ocean observations. Marine Technology Society Journal，2009，43（1）：21-30.

26. Roland S，Tobias P. Autonomous sailboat navigation for short course racing. Robotics and Autonomous Systems，2007，56（7）：604-614.

27. Vidmar P，Perkovič M. Optimization of upwind sailing applying a canting rudder device. Ocean Engineering，2013，73：55-67.

28. Xiao L，Jouffroy J. Modeling and nonlinear heading control of sailing yachts. IEEE Journal of Oceanic Engineering，2014，39（2）：256-268.

29. Tian B，Liu C，Guo J，et al. Research on the dynamic positioning of remotely operated vehicles applied to underwater inspection and repair of hydraulic structures. Physics of Fluids，2023，35（9）：097-123.

30. Woolsey A C，Leonard E N. Stabilizing underwater vehicle motion using internal rotors. Automatica，2002，38（12）：

2053-2062.

31. Alvarez A，Caffaz A，Caiti A，et al. Fòlaga：A low-cost autonomous underwater vehicle combining glider and AUV capabilities. Ocean Engineering，2009，36（1）：24-38.

32. Chen Z，Yu J，Zhang A，et al. Design and analysis of folding propulsion mechanism for hybrid-driven underwater gliders. Ocean Engineering，2016，119：125-134.

33. Rudnick L D. Ocean research enabled by underwater gliders. Annual Review of Marine Science，2016，8（1）：519-541.

34. Yu J，Zhang F，Zhang A，Jin W，et al. Motion parameter optimization and sensor scheduling for the sea-wing underwater glider. IEEE Journal of Oceanic Engineering，2013，38（2）：243-254.

35. Alaaeldeen M E A，Duan W Y. Overview on the development of autonomous underwater vehicles（AUVs）. Journal of Ship Mechanics，2016，20（6）：768-787.

36. Liu F，Cui W，Li X. China's first deep manned submersible，JIAOLONG. Science China Earth Sciences，2010，53（10）：1407-1410.

37. Sivčev S，Coleman J，Omerdić E，et al. Underwater manipulators：A review. Ocean Engineering，2018，163：431-450.

38. 封锡盛，李一平. 海洋机器人30年. 科学通报，2013，58（S2）：6.

39. 黄琰，李岩，俞建成，等. AUV智能化现状与发展趋势. 机器人，2020，42（2）：215-231.

40. 李一平. 水下机器人——过去、现在和未来. 自动化博览，2002，19（3）：59-61.

41. 宋保维，潘光，张立川，等. 自主水下航行器发展趋势及关键技术. 中国舰船研究，2022，17（5）：27-44.

42. Er M J，Ma C，Liu T，et al. Intelligent motion control of unmanned surface vehicles：A critical review. Ocean Engineering，2023，280.

43. Liu Z，Zhang Y，Yu X，et al. Unmanned surface vehicles：An overview of developments and challenges. Annual Reviews in Control，2016，41：71-93.

44. Xing B，Yu M，Liu Z，et al. A review of path planning for unmanned surface vehicles. Journal of Marine Science and Engineering，2023，11（8）.

45. Enric G，Marc C. A survey on coverage path planning for robotics. Robotics and Autonomous Systems，2013，61（12）：1258-1276.

46. He B，Wang S，Liu Y J. Underactuated robotics：A review. International Journal of Advanced Robotic Systems，2019，16（4）：172988141986216.

47. Huang H，Tang Q，Li J，et al. A review on underwater autonomous environmental perception and target grasp，the challenge of robotic organism capture. Pergamon，2020.

48. Lin M W，Yang C J. Ocean observation technologies：A review. Chinese Journal of Mechanical Engineering，2020，33（4）：102-114.

49. Perry M J. A 50-year journey from phosphate to autonomous underwater vehicles. Annual Review of Marine Science，2020，12（1）：1-22.

50. Yu J Z，Wang M，Dong H F，et al. Motion control and motion coordination of bionic robotic fish：A review. Journal of Bionic Engineering，2018，15（4）：579-598.

51. Zereik E，Bibuli M，Miskovic N，et al. Challenges and future trends in marine robotics. Annual Reviews in Control，2018，46：350-368.

52. Zhang T，Li Q，Zhang C S，et al. Current trends in the development of intelligent unmanned autonomous systems. Frontiers of Information Technology & Electronic Engineering，2017，18（1）：68-85.

53. Zhang T W，Tang J L，Qin S J，et al. Review of navigation and positioning of deep-sea manned submersibles. Journal of Navigation，2019，72（4）：1021-1034.

54. Tian B，Yu J，Zhang A. Dynamic modeling of wave driven unmanned surface vehicle in longitudinal profile based on D-H approach. Journal of Central South University，2015，22（12）：4578-4584.

55. 田宝强，俞建成，张艾群，等. 波浪驱动无人水面机器人运动效率分析. 机器人，2014，36（1）：43-48，68.

56. Manley J，Willcox S. The wave glider：A new concept for deploying ocean instrumentation. IEEE Instrumentation & Measurement Magazine，2010，13（6）：8-13.

57. Daniel T，Manley J，Trenaman N. The wave glider：enabling a new approach to persistent ocean observation and research. Ocean Dynamics，2011，61（10）：1509-1520.

58. Tian B，Zhou W. Deformation analysis and design of rubber webbed wings in multifunctional hybrid glider. IEEE，2016：550-554.

59. Tian B，Zhou W，Li L，et al. Research on realization mechanisms of multifunctional hybrid glider//Oceans. IEEE，2016：1-6.

60. Yu J Z，Tan M，Wang S，et al. Development of a biomimetic robotic fish and its control algorithm. IEEE Transactions on Systems，Man，and Cybernetics，Part B，Cybernetics：a publication of the IEEE Systems，Man，and Cybernetics Society，2004，34（4）：1798-1810.

61. Lu X Y，Yin X Z，Yang J M，et al. Studies of hydrodynamics in fishlike swimming propulsion. Journal of Hydrodynamics，2010，22（5S1）：17-22.

62. Yu J Z. Control of yaw and pitch maneuvers of a multilink dolphin robot. IEEE Transactions on Robotics，2012，28（2）：318-329.

63. Zhu J，White C，Wainwright K D，et al. Tuna robotics：A high-frequency experimental platform exploring the performance space of swimming fishes. Science Robotics，2019，4（34）：eaax4615.

64. 田宝强，李玲珑. 蹼翼型波浪滑翔机结构设计和运动原理分析. 中国机械工程，2017，28（24）：2939-2943.

65. Wang X M，Shang J Z，Luo Z R，et al. Reviews of power systems and environmental energy conversion for unmanned underwater vehicles. Renewable and Sustainable Energy Reviews，2012，16（4）：1958-1970.

66. Borthwick A G L. Marine renewable energy seascape. Engineering，2016，2（1）：69-78.

67. 俞建成，孙朝阳，张艾群. 海洋机器人环境能源收集利用技术现状. 机器人，2018，40（1）：89-101.

68. Pérez-Collazo C，Greaves D，Iglesias G. A review of combined wave and offshore wind energy. Renewable and Sustainable Energy Reviews，2015，42：141-153.